数学思维秘籍

图解法学数学，很简单

④ 图解几何

刘薰宇

四川教育出版社

图书在版编目（CIP）数据

数学思维秘籍：图解法学数学，很简单. 4，图解几
何 / 刘薰宇著. -- 成都：四川教育出版社，2020.10
ISBN 978-7-5408-7414-8

Ⅰ. ①数… Ⅱ. ①刘… Ⅲ. ①数学—青少年读物
Ⅳ. ①O1-49

中国版本图书馆CIP数据核字 (2020) 第147843号

数学思维秘籍　图解法学数学，很简单　4 图解几何
SHUXUE SIWEI MIJI TUJIEFA XUE SHUXUE HEN JIANDAN 4 TUJIE JIHE

刘薰宇　著

出 品 人　雷　华
责任编辑　吴贵启
封面设计　郭红玲
版式设计　石　莉
责任校对　林蓓蓓
责任印制　高　怡
出版发行　四川教育出版社
地　　址　四川省成都市黄荆路13号
邮政编码　610225
网　　址　www.chuanjiaoshe.com
制　　作　大华文苑（北京）图书有限公司
印　　刷　三河市刚利印务有限公司
版　　次　2020年10月第1版
印　　次　2020年11月第1次印刷
成品规格　145mm×210mm
印　　张　4
书　　号　ISBN 978-7-5408-7414-8
定　　价　198.00元（全10册）

如发现质量问题，请与本社联系。总编室电话：（028）86259381
北京分社营销电话：（010）67692165　北京分社编辑中心电话：（010）67692156

前 言

　　为了切实加强我国数学科学的教学与研究，科技部、教育部、中科院、自然科学基金委联合制定并印发了《关于加强数学科学研究工作方案》。方案中指出数学实力往往影响着国家实力，几乎所有的重大发现都与数学的发展与进步相关，数学已经成为航空航天、国防安全、生物医药、信息、能源、海洋、人工智能、先进制造等领域不可或缺的重要支撑。这充分表明国家对数学的高度重视。

　　特别是随着大数据、云计算、人工智能时代的到来，在未来生活和生产中，数学更是与我们息息相关，数学科学和人才尤其重要。华为公司创始人兼总裁任正非曾公开表示："其实我们真正的突破是数学，手机、系统设备是以数学为中心。"

　　数学是一门通用学科，是很多学科与科学的基础。在未来社会，数学将是提高竞争力的关键，也是国家和民族发展繁荣的抓手。所以，数学学习应当从娃娃抓起。

　　同时，数学是一门逻辑性非常强而且非常抽象的学科。让数学变得生动有趣的关键，在于教师和家长能正确地引导孩子，精心设计数学教学和辅导，提高孩子的学习兴趣。在数学教学与辅导中，教师和家长应当采取多种方法，充分调动孩子的好奇心和求知欲，使孩子能够感受学习数学的乐趣和收获成功的喜悦，从而提高他们自主学习和解决问题的兴趣与热情。

　　为了激发广大少年儿童学习数学的兴趣，我们特别推出了《数学思维秘籍》丛书。它集中了我国著名数学教育家刘薰宇的数学教学经验与成果。刘薰宇老师1896年出生于贵阳，毕业于北京高等师范学校数理系，曾留学法国并在巴黎大学研究数学，回国后在许多大学任教。新中国成立后，刘老师曾担任人民教育出版社副总编辑等职。

　　刘老师曾参与审定我国中小学数学教科书，出版过科普读物，发表了大量数学教育方面的论文。著有《解析几何》《数学的园地》《数学趣味》《因数与因式》《马先生谈算学》等。他将数学和文学相结合，用图解法直接解答有关数学问题，非常生动有趣。特别是介绍数学理论与方法的文章，通俗易懂，既是很好的数学学习导入点，也是很好的数学启蒙读物，非常适合中小学生阅读。

　　刘老师的作品对著名物理学家、诺贝尔奖得主杨振宁，著名数学家、国家最高科学技术奖获得者谷超豪，著名数学家齐民友，著名作家、画家丰子恺等都产生过深远影响，他们都曾著文记述。杨振宁曾说，曾有一位刘薰宇先生，写过许多通俗易懂和极其有趣的数学文章，自己读了才知道排列和奇偶排列这些极为重要的数学概念。谷超豪曾说，刘薰宇的作品把他带入了一个全新的世界。

　　在当前全国掀起学习数学热潮的大好形势下，我们在忠实于原著的基础上，对部分语言进行了更新；对作品进行了拆分和优化组合，且配上了精美插图；更重要的是，增加了相应的公式定理、习题讲解、奥数试题、课外练习及参考答案等。对原著内容进行的丰富和拓展，使之更适合现代少年儿童阅读、理解和运用，从而更好地帮助孩子开拓数学思维。相信本书将对广大少年儿童、教师以及家长具有较强的启迪和指导作用。

目 录

◆ 几何图形的面积计算

几何图形有非常多，如矩形、三角形等，如何求它们的面积？一般情况下，我们都会求。

比如有一个矩形，它的长是 a，宽是 b，它的面积便是 a 和 b 的乘积，这在算术里就已讲过。如图 1-1 所示，长是 6，宽是 3，那么面积就恰好是 $3 \times 6 = 18$（个）方块。

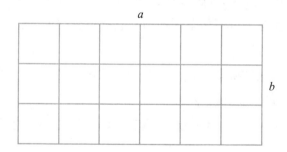

图 1-1

假如这个矩形有一边不是直线，那自然就不能再叫它矩形，要求它的面积，也就没有上面所用的方法这般简单。那么，我们有什么办法呢？

假使我们所要求的是图 1-2 中线 AB、BC、CD、AD 所围成的曲边梯形 $ABCD$ 的面积，我们知道 AB、AD 和 DC 的长，并且又知道表示曲线 BC 的函数（这样，我们就可以知道曲

线 BC 上各点到直线 AD 的距离），我们用什么方法可以求出曲边梯形 $ABCD$ 的面积呢？

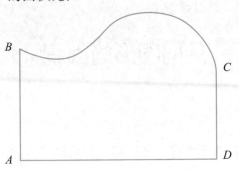

图 1-2

一眼看去，这问题好像非常困难，因为线 BC 非常不规则，真是有点儿不容易解决。但是，你不用着急，只要应用我们前面说过的方法，就可以迎刃而解了。一开始，先找它的近似值，再使这个近似值渐渐地增加它的近似程度，直到我们得到精确的值为止。

这个方法的确非常自然。我们先从粗浅的一步入手，循序渐进，便可达到精确的一步。

第一步，简直一点困难都没有，因为我们所要的只是一个大概的数目。

先把曲边梯形 $ABCD$ 分成一些矩形（如图 1-3 所示），这些矩形的面积，我们自然已经会算了。

假如曲边梯形 $ABCD$ 的面积为 S，则 S 差不多等于①②③④四个矩形的和，我们就先来计算这四个矩形的面积，用它各自的长去乘它各自的宽。

这样一来，我们第一步所得到的近似值便是这样的：

$$S \approx AB' \times AE + EE' \times EF + FF' \times FG + CD \times GD$$

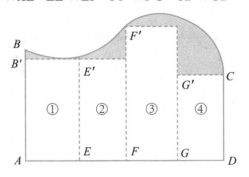

图 1-3

显然，从图 1-3 一看就可知道，这样得出来的结果与实际相差较大，实际的面积比这四个矩形的面积的和大得多。这是因为图 1-3 中阴影部分的面积没有算在里面。

不过，这个误差，我们并不是没有办法补救。表示曲线 BC 的函数是已知的，我们可以求出 BC 上面各点到直线 AD 的距离。反过来就是对于直线 AD 上的每一点，可以找出它们和曲线 BC 的距离。

如图 1-4 所示，现在我们说 AP 的距离是 x，AD 上面另外有一点 P'，AP' 的距离是 x'，过 P 和 P' 都画一条与 AD 垂直的线，同 BC 分别相交于点 M 和 M'。PM 和 $P'M'$ 就相应地表示函数在 x 和 x' 的值 y 和 y'。

结果，无论 P 和 P' 点在 AD 上什么地方，我们都可以将 y 和 y' 找出来，所以 y 是 x 的函数，可以写成：

$y=f(x)$。

这个函数就是用来表示曲线 BC 的。

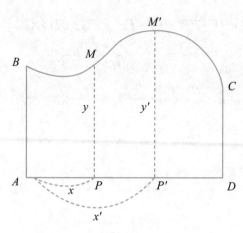

图 1-4

现在，再来求面积 S 的值吧！将前面的四个矩形，再分成一些数目更多的较小的矩形。

由图 1-5 就可看明白，那些从曲线上画出的和 AD 平行的短线都比较接近曲线；而每块阴影所表示的部分也比前面的减小了。因此，用这些新的矩形的面积和来表示所求的面积，比前面所得的误差就小得多。

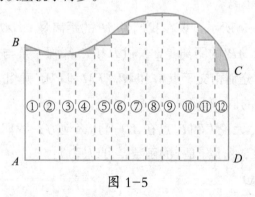

图 1-5

再把 AD 分成更多的线段，比如 AX_1、X_1X_2、X_2X_3……由各点到曲线 BC 的距离，设为 y_1、y_2、y_3……这些矩形的面积

就是：

$$y_1 \cdot AX_1 、 y_2 \cdot X_1X_2 、 y_3 \cdot X_2X_3 \cdots\cdots$$

而总面积的近似值就等于这些小矩形的面积和，所以

$$S_{近似值} = y_1 \cdot AX_1 + y_2 \cdot X_1X_2 + y_3 \cdot X_2X_3 + \cdots\cdots$$

如果要想得出一个精确的结果，只需继续把 AD 分成的段数一次比一次多，每段的间隔一次比一次短，每次都用各个小矩形的面积和来表示所求的面积。那么，S 和这所得的近似值之间的误差便越来越小。

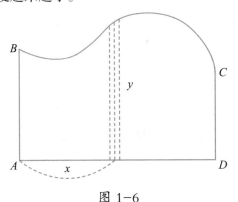

图 1-6

这样做下去，到了极限，也就是说，小矩形的数目是无限多，而它们每一个的面积都是无限小，这些小矩形面积的和便是真实的面积 S。

所求的面积 S 就是 x 的函数 y 对 x 的积分。换句话说，求一条曲线所切成的面积，必须计算那些连续的近似值，一直到极限，这就是所谓的积分。

上面我们只是用它来计算面积，如果我们用它来计算体积，那么也一样。

我们知道，长方体的体积等于它的长、宽、高相乘的

积。假如我们所要求体积的物体有一面是曲面，我们就可以先把它分成几部分，按照求长方体体积的方法，将它们的体积计算出来，然后将这几个体积加在一起，这就是第一次的近似值了。

和前面一样，我们可以再将各部分细化，求第二次，第三次……的近似值。这些近似值，因为越分项数越多，每项的值越小，所以近似程度就逐渐增加。

到了最后，项数增到无限多，每项的值变成了无限小，这些和的极限就是我们所求的体积，这种方法就是积分。

基本概念与例解

1. 基本概念与公式

（1）基本概念

平面图形的面积是指物体表面或围成的平面图形的大小。面积的单位有：平方米、平方厘米等。

（2）符号

面积：S　　　　边长/底：a　　　　宽：b

高：h　　　　半径：r

（3）基本公式

平面图形	公式	符号
正方形	面积＝边长×边长	$S = a \cdot a = a^2$
长方形	面积＝长×宽	$S = a \cdot b$
三角形	面积＝（底×高）÷2	$S = (a \cdot h) \div 2$
平行四边形	面积＝底×高	$S = a \times h$
梯形	面积＝（上底＋下底）×高÷2	$S = (a + b) \cdot h \div 2$
圆	面积＝半径×半径×π	$S = \pi r^2$

例1：如图1.1-1所示，平行四边形 $ABCD$ 的周长（平行四边形四边的总长）是78 cm，求平行四边形 $ABCD$ 的面积。

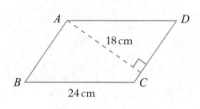

图 1.1-1

分析：平行四边形面积的计算。由图 1.1-1 可知，平行四边形 $ABCD$ 的高是从点 A 到 CD 边的垂线段，所以其对应的底为 CD 边，需要求出 CD 的长度。根据平行四边形的特点可知：$AD=BC$，$AB=CD$，所以 $BC+AD=48$（cm），周长是 78 cm，所以 $CD=(78-48)÷2=15$（cm），根据平行四边形面积公式即可求出面积。

解：由四边形 $ABCD$ 为平行四边形可知，

$AD=BC$，$AB=CD$，

$BC+AD=48$（cm），

$CD=(78-48)÷2=15$（cm），

平行四边形的面积为 $15×18=270$（cm²）。

答：这个平行四边形的面积是 270 平方厘米。

例2：一块三角形的稻田，底是 40 m，高是 30 m，平均每平方米收稻谷 0.75 kg。这块稻田共能收稻谷多少千克？

分析：三角形面积的计算。首先根据三角形面积公式求出三角形稻田的面积，已知这块三角形稻田平均每平方米收稻谷 0.75 kg，用三角形面积乘 0.75，即可得出这块稻田共能收稻谷多少千克。

解：$S=a×h÷2$

$=40×30÷2$

$$=600（m^2），$$

$$600×0.75=450（kg）。$$

答：这块稻田共能收稻谷450千克。

2. 不规则平面图形的面积

（1）大圆减小圆

例：如图1.1-2，要在一个直径是10 m的花园周围铺一条2 m宽的小路，小路的面积是多少？

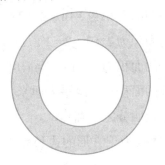

图 1.1-2

分析：算出花园和小路围成的圆的面积减去花园的面积即可。

解：花园半径为10÷2=5（m），

花园面积为3.14×5×5=78.5（m²）。

花园和小路围成的圆的半径为（10+2+2）÷2=7（m），

花园和小路围成的圆的面积为3.14×7×7=153.86（m²）。

小路的面积为153.86－78.5=75.36（m²）。

答：小路的面积是75.36平方米。

（2）四分之一圆减三角形

例：已知图1.1-3中三角形是等腰直角三角形，一条直角边的长度是2 cm，阴影部分的面积是多少？

0

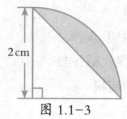

图 1.1-3

分析：求出四分之一圆（半径是 2cm）的面积，再减去三角形的面积即可。

解：四分之一圆的面积为 $3.14 \times 2 \times 2 \div 4 = 3.14$（$cm^2$），

三角形的面积为 $2 \times 2 \div 2 = 2$（cm^2），

阴影部分的面积为：$3.14 - 2 = 1.14$（cm^2）。

答：阴影部分的面积是 1.14 平方厘米。

（3）正方形减四分之一圆

例：已知图 1.1-4 中正方形的边长是 2cm，阴影部分的面积是多少？

图 1.1-4

分析：先求出正方形的面积（边长是 2cm），再求出四分之一圆（半径是 2cm）的面积，正方形的面积减去四分之一圆的面积即可。

解：正方形的面积为 $2 \times 2 = 4$（cm^2），

四分之一圆的面积为 $3.14 \times 2 \times 2 \div 4 = 3.14$（$cm^2$），

阴影部分的面积为 $4 - 3.14 = 0.86$（cm^2）。

答：阴影部分的面积是0.86平方厘米。

（4）正方形减圆形

例：已知图1.1-5中正方形的边长是2cm，阴影部分的面积是多少？

图 1.1-5

分析：图中四个四分之一圆刚好是一个半径为1 cm的圆，所以阴影部分的面积用正方形的面积减去圆的面积即可。

解：正方形的面积为$2 \times 2 = 4$（cm²），

圆的面积为$3.14 \times 1 \times 1 = 3.14$（cm²），

阴影部分的面积为$4 - 3.14 = 0.86$（cm²）。

答：阴影部分的面积是0.86平方厘米。

（5）叠交型

例：已知图1.1-6中正方形的边长是2cm，阴影部分的面积是多少？

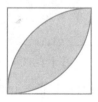

图 1.1-6

分析：（方法一）阴影部分的面积可看成两个扇形重叠的

面积。（方法二）画一条正方形的对角线使之穿过阴影部分，可知四分之一圆的面积减去三角形的面积就是阴影部分面积的一半。

解：（方法一）

两个扇形面积为 $3.14 \times 2 \times 2 \div 4 \times 2 = 6.28$（cm²），

正方形的面积为 $2 \times 2 = 4$（cm²），

阴影部分的面积为：$6.28 - 4 = 2.28$（cm²）。

（方法二）

从正方形左下角向右上角画它的一条对角线，则四分之一圆的面积为 $3.14 \times 2 \times 2 \div 4 = 3.14$（cm²），

三角形的面积为 $2 \times 2 \div 2 = 2$（cm²），

阴影部分的面积为（$3.14 - 2$）$\times 2 = 2.28$（cm²）。

答：阴影部分的面积是2.28平方厘米。

（6）梯形减半圆

例：图1.1-7中等腰梯形的高是10 cm，下底是10 cm，空白部分是直径为4 cm的半圆，阴影部分的面积是多少？

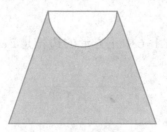

图 1.1-7

分析：求出梯形面积[（上底＋下底）×高÷2]－半圆面积（$\pi r^2 \div 2$）即可。

解：$r = 4 \div 2 = 2$（cm），

$$S_{阴影} = S_{梯形} - S_{半圆}$$

$$= (4+10) \times 10 \div 2 - 3.14 \times 2 \times 2 \div 2$$

$$= 70 - 6.28$$

$$= 63.72 \, (cm^2)。$$

答：阴影部分的面积是63.72平方厘米。

（7）割补型

例1：已知图1.1-8中两个正方形的边长均为2 cm，阴影部分的面积是多少？

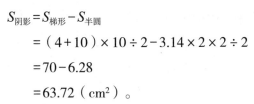

图 1.1-8

分析：图中阴影部分的面积正好等于空白部分的面积，因此，可以把两边的阴影合并到一起，就是一个正方形的面积。

解：阴影部分的面积为 $2 \times 2 = 4 \, (cm^2)$。

答：阴影部分的面积是4平方厘米。

例2：图1.1-9中 OA、OB 是两个小圆的直径，且 $OA = OB = 2$ cm，$\angle AOB = 90°$，阴影部分的面积是多少？

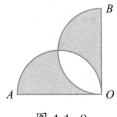

图 1.1-9

分析：如图 1.1-10 所示，连接 AB，过点 O 作三角形的角平分线，观察可发现，阴影部分的面积就是三角形 OAB 的面积。

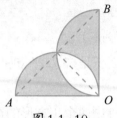

图 1.1-10

解：如图 1.1-10 所示，画两条辅助线，得

$$S_{阴影}=S_{三角形OAB}=2 \times 2 \div 2=2（\text{cm}^2）。$$

答：阴影部分的面积是 2 平方厘米。

例3：已知图 1.1-11 中圆形的半径是 $2\,\text{cm}$，三角形的一条边是 $8\,\text{cm}$，阴影部分的面积是多少？

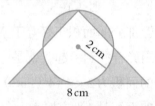

2 cm

8 cm

如图 1.1-11

分析：如图 1.1-12 所示，画两条辅助线，即可发现三角形外的阴影部分正好与三角形内部圆与辅助线围成的面积相等，因此，只需求出高是 2，底是 $8 \div 2=4$ 的两个三角形的面积即可。

图 1.1-12

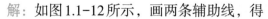

解：如图1.1-12所示，画两条辅助线，得

$S_{阴影}=2S_{三角形}$

$=（8÷2）×2÷2×2$

$=8（cm^2）$。

答：阴影部分的面积是8平方厘米。

例4：如图1.1-13，求图中阴影部分的面积？

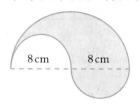

图 1.1-13

分析：按照图中虚线部分作一条参考线，发现虚线上面空白部分和下面阴影部分完全一样，所以阴影部分的面积就是半圆的面积。

解：$S_{阴影}=S_{半圆}$

$=3.14×8×8÷2$

$=100.48（cm^2）$。

答：阴影部分的面积是100.48平方厘米。

应用习题与解析

1. 基础练习题

（1）已知平行四边形 $ABCD$（图1.2-1）的面积为480m²，求边 BC、CD 上的高。

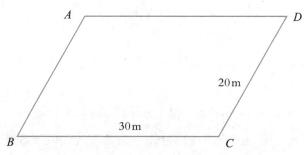

图 1.2-1

考点：平行四边形面积的计算问题。

分析：平行四边形面积的计算公式 $S = ah$，图1.2-1中已知的是平行四边形的面积和边长，根据公式可以求出相对应的高。

解：BC 边上的高为 $480 \div 30 = 16$（m），

CD 边上的高为 $480 \div 20 = 24$（m）。

答：边 BC、CD 上的高分别为16米、24米。

（2）一块近似平行四边形的草坪，中间有一条石子路（如图1.2-2）。如果铺 $1 m^2$ 草坪需要12元，那么铺这块草坪一共需要多少元呢？

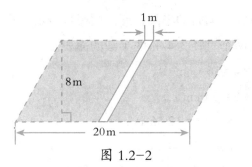

图 1.2-2

考点：平行四边形面积的计算问题。

分析：先求出大平行四边形的面积，然后减去小路形成的小平行四边形的面积，就是要铺的草坪的面积。1 m²草坪需要12元，用铺草坪的面积乘12，就是铺这块草坪一共需要的钱数。

解：$20 \times 8 - 1 \times 8$

$= 160 - 8$

$= 152$（m²），

$152 \times 12 = 1824$（元）。

答：铺这块草坪一共需要1824元。

（3）求图1.2-3中阴影部分的面积。（单位：cm）

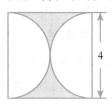

图 1.2-3

考点：不规则图形阴影面积的问题。

分析：图1.2-3是一个边长为4 cm的正方形，在正方形内

部是两个直径为4 cm的半圆，所以阴影部分的面积就是正方形的面积减去两个直径为4 cm的半圆的面积。

解：$4\times4=16$（cm^2），

$4\div2=2$（cm），

$3.14\times2\times2=12.56$（cm^2），

$16-12.56=3.44$（cm^2）。

答：阴影部分的面积是3.44平方厘米。

（4）一块梯形空地，上底是12 m，下底是30 m，高是8 m。如果要在这块空地上栽樱桃树，每6 m^2栽一棵，那么这块空地一共可以栽多少棵樱桃树？

考点：梯形面积的计算问题。

分析：由于这是一块梯形空地，根据梯形面积计算公式：$S=(a+b)\times h\div2$，计算出梯形的面积，然后根据每6 m^2栽一颗樱桃树，用梯形总的面积除以6，就是梯形空地一共可以栽的樱桃树的棵数。

解：$(12+30)\times8\div2$

$=168$（m^2），

$168\div6=28$（棵）。

答：梯形空地一共可以栽28棵樱桃树。

（5）一块油菜地的形状是三角形，底边长120m，是高的1.5倍，如果每平方米油菜地可以收油菜籽0.4 kg，那么这块油菜地一共可以收油菜籽多少千克？

考点：三角形的面积计算问题。

分析：油菜地形状是三角形，三角形底边长120 m，是高的1.5倍，所以三角形的高为$120\div1.5=80$（m），由此可求出三角形油菜地的面积。每平方米油菜地可以收油菜籽0.4 kg，所以用三角形油菜地的面积乘0.4就是这块油菜地一共可以收的油菜籽的质量。

解：$120 \div 1.5 = 80$（m），

$120 \times 80 \div 2 = 4800$（m²），

$4800 \times 0.4 = 1920$（kg）。

答：这块油菜地一共可以收油菜籽1920千克。

（6）一个长方形的人造滑冰场，宽是25 m，长比宽的2倍少2 m。这个滑冰场的面积是多少？

考点：长方形的面积计算问题。

分析：长方形滑冰场的宽是25 m，长比宽的2倍少2 m，那么长方形的长是$25 \times 2 - 2 = 48$（m），根据长方形面积的计算公式$S = a \times b$即可求出长方形的面积。

解：$25 \times 2 - 2 = 48$（m），

$25 \times 48 = 1200$（m²）。

答：这个滑冰场的面积是1200平方米。

（7）一个正方形的边长是8 cm，如果将它的边长增加10 cm，那么这个正方形的面积增加了多少？

考点：正方形面积的计算问题。

分析：先求出边长为8 cm的正方形的面积，然后求出将边长增加10 cm后正方形的面积，再用增加后的正方形的面积减去增加前正方形的面积即可。

解：$8 \times 8 = 64$（cm²），

$10 + 8 = 18$（cm），

$18 \times 18 = 324$（cm²），

$$324-64=260（cm^2）。$$

答：这个正方形的面积增加了260平方厘米。

（8）张大伯靠一面墙用篱笆围成一个面积是72 m²的梯形养鸡场（图1.2-4），至少需要多少米的篱笆？

图 1.2-4

考点：梯形面积在实际问题中的应用。

分析：根据梯形的面积公式=（上底+下底）×高÷2，可得到答案。

解：$72×2÷6+6$

$=24+6$

$=30（m）。$

答：至少需要30米的篱笆。

2. 巩固提高题

（1）有一个停车场原来的形状是梯形，为扩大停车面积，将它扩建为一个长方形的停车场（如图1.2-5）。扩建后面积增加了多少平方米？

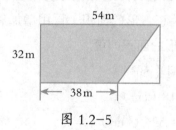

图 1.2-5

考点：三角形面积的计算问题。

分析：由图1.2-5可知，这个梯形停车场扩建部分是图中的空白部分，所以扩建的面积就是三角形的面积，三角形的一个边长是正方形的宽，另一边长是梯形的上底减去下底的长度，即 $54-38=16$（m），因此三角形的面积就可以计算出，也就是扩建后面积增加的部分。

解：（$54-38$）$\times 32 \div 2$

$=16 \times 32 \div 2$

$=256$（m²）。

答：扩建后面积增加了256平方米。

（2）如图1.2-6，在一块长24 m、宽16 m的绿地上，有一条宽2 m的小路。请你计算出这条小路的面积。

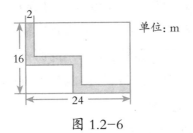

图 1.2-6

考点：不规则阴影图形面积的计算问题。

分析：如图1.2-6，这条道路的面积等于这个长方形绿地的面积减去空白部分的面积，其中长方形的面积为 $24 \times 16=384$（m²），而空白的两部分拼起来，正好组成一个长为 $24-2=22$（m），宽为 $16-2=14$（m）的长方形，那么它的面积为 $22 \times 14=308$（m²），由此即可求得这条道路的面积。

解： $24 \times 16 - (24 - 2) \times (16 - 2)$

$= 384 - 22 \times 14$

$= 384 - 308$

$= 76 （m^2）$，

答：这条小路的面积是76平方米。

（3）求图1.2-7中阴影部分的面积。

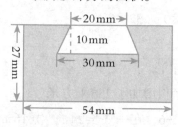

图 1.2-7

考点：不规则阴影图形面积的计算问题。

分析：图1.2-7中是一个大的长方形和一个梯形，阴影部分的面积就是长方形的面积减去梯形的面积。

解：长方形的面积为 $27 \times 54 = 1458 （mm^2）$，

梯形的面积为

$（20 + 30） \times 10 \div 2$

$= 50 \times 10 \div 2$

$= 250 （mm^2）$，

阴影部分的面积为 $1458 - 250 = 1208 （mm^2）$。

答：阴影部分的面积为1208平方毫米。

（4）如图1.2-8，一个三角形底边长6 m，如果底边延长1 m，面积就增加1.5 m²，原来三角形的面积是多少平方米?

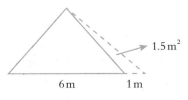

图 1.2-8

考点：三角形面积计算方法的灵活运用。

分析：先利用三角形的面积公式：$S=ah \div 2$，求出三角形的高，进而利用三角形的面积公式即可求解。

解：$1.5 \times 2 \div 1 = 3$（m），

$6 \times 3 \div 2 = 9$（m^2）。

答：原来三角形的面积是9平方米。

（5）一座拦河大坝的横截面是梯形，面积是 $30\,m^2$，它的高是8m，下底比上底多1.5m，这个梯形的下底是多少米？

考点：梯形面积的灵活运用。

分析：因为下底比上底多1.5m，所以可以设下底是 xm，那么上底是 $(x-1.5)$m，列方程：$(x+x-1.5) \times 8 \div 2 = 30$，解方程即可。

解：设下底是 xm，那么上底是 $(x-1.5)$m。

根据题意，得

$(x+x-1.5) \times 8 \div 2 = 30$，

解得 $x=4.5$。

答：梯形的下底是4.5米。

奥数习题与解析

1. 基础训练题

（1）一种微风吊扇的叶片是由三块梯形的塑料片组成的。已知每块塑料片上底为 3 cm，下底 4 cm，高 10 cm。做这个吊扇的三块叶片共需塑料片多少平方厘米？

分析：根据梯形的面积＝（上底＋下底）×高÷2，先求出一块叶片的面积，再乘 3 即可解答。

解：（3＋4）×10÷2

$$=7×5$$

$$=35（cm^2），$$

$$35×3＝105（cm^2）。$$

答：做这个吊扇的三块叶片共需塑料片 105 平方厘米。

（2）如图 1.3-1，三角形 ABC 是直角三角形，阴影部分①的面积比阴影部分②的面积大 28 cm²。若 AB 长 40 cm，则 BC 的长是多少厘米？

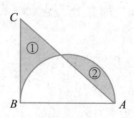

图 1.3-1

分析：先求出半圆的面积，根据阴影部分①的面积比阴影部分②的面积大 28 cm²，求出三角形 ABC 的面积。根据三角形的面积公式，即可求出三角形 *ABC* 的高。

解：半圆的半径为 40÷2=20（cm），

半圆的面积为 3.14×（20×20）÷2=628（cm²），

三角形 *ABC* 的面积为 628+28=656（cm²），

BC 的长为 656×2÷40=32.8（cm）。

答：*BC* 的长是 32.8 厘米。

（3）图 1.3-2 中两个正方形的边长分别是 10 cm 和 6 cm，求阴影部分的面积。

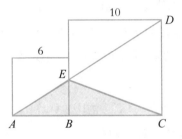

图 1.3-2

分析：由题意知，阴影部分的面积 = 三角形 *ACD* 的面积 − 三角形 *CDE* 的面积，而三角形 *ACD* 的面积 = *CD*×（*AB* + *BC*）÷2，三角形 *CDE* 的面积 = *CD*×*BC*÷2。

解：$S_{\triangle ACD}$ = 10×（10+6）÷2=80（cm²），

$S_{\triangle CDE}$ = 10×10÷2=50（cm²），

$S_{阴影}$ = 80−50=30（cm²）。

答：阴影部分的面积是 30 平方厘米。

（4）如图 1.3-3，四边形 *ABCD* 是长方形，*AD* 长 10 cm，*AB* 长 6 cm；四边形 *CDEF* 是平行四边形，*BH* 长 4 cm。求图中阴影部分的面积。

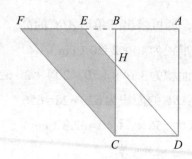

图 1.3-3

分析：先求出平行四边形 *CDEF* 的面积，然后减去三角形 *CDH* 的面积就是阴影部分的面积。

解：平行四边形 *CDEF* 的面积为 $6 \times 10 = 60$（cm²），

三角形 *CDH* 的面积为 $6 \times (10 - 4) \div 2$

$$= 6 \times 6 \div 2$$

$$= 18（cm²），$$

阴影部分的面积为 $60 - 18 = 42$（cm²）。

答：阴影部分的面积是42平方厘米。

2. 拓展训练题

（1）如图 1.3-4，正方形 *ABCD* 的边长是 12 cm，已知 *DE* 的长是 *EC* 长的2倍。

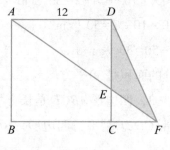

图 1.3-4

①求三角形 *DEF* 的面积。

② *CF* 的长。

分析：① *DE* 的长是 *EC* 长的 2 倍，*DC* = 12 cm，所以 *EC* = 12 ÷ 3 = 4（cm），*DE* = 4 × 2 = 8（cm）。由图可知，三角形 *DEF* 的面积＝三角形 *ADF* 的面积－三角形 *ADE* 的面积。

② *CF* 的长就是三角形 *DEF* 的高，三角形 *DEF* 的面积和 *DE* 的长已求出，则可以求出 *CF* 的长。

解：① 12 × 12 ÷ 2 − 8 × 12 ÷ 2

  = 72 − 48

  = 24（cm²）。

② *DE* = 12 ÷ 3 × 2 = 8（cm），

  8 × *CF* ÷ 2 = 24，

  CF = 6（cm）。

答：三角形 *DEF* 的面积是 24 平方厘米。*CF* 的长是 6 厘米。

（2）如图 1.3−5，已知梯形的上底是 10 cm，下底是 17 cm，其中阴影部分的面积是 221 cm²。这个梯形的面积是多少？

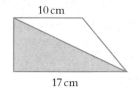

图 1.3−5

分析：阴影部分是三角形，已知面积和底，可以求出高，也就是梯形的高，然后求出梯形的面积即可。

解：三角形的高为 $221 \times 2 \div 17 = 26$（cm），

梯形的面积为（$10 + 17$）$\times 26 \div 2$

$$= 27 \times 26 \div 2$$

$$= 351（cm^2）。$$

答：这个梯形的面积是351平方厘米。

（3）如图1.3-6所示，矩形 $ABCD$ 的面积是 $36\,cm^2$，四边形 $PMON$ 的面积是 $3\,cm^2$，阴影部分的面积是多少平方厘米？

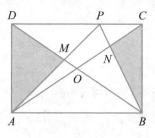

图 1.3-6

分析：因为三角形 ABP 面积为矩形 $ABCD$ 的面积的一半，即 $18\,cm^2$，三角形 ABO 面积为矩形 $ABCD$ 的面积的 $\frac{1}{4}$，即 $9\,cm^2$。又因为四边形 $PMON$ 的面积为 $3\,cm^2$，所以三角形 AMO 与三角形 BNO 的面积之和是 $18 - 9 - 3 = 6$（cm^2）。又因为三角形 ADO 与三角形 BCO 的面积之和是矩形 $ABCD$ 的面积的一半，即 $18\,cm^2$，所以阴影部分的面积为 $18 - 6 = 12$（cm^2）。

解：三角形 ABP 面积为：

$$36 \div 2 = 18（cm^2），$$

三角形 ABO 面积为：

$$36 \div 4 = 9（cm^2），$$

三角形 AMO 的面积 $+$ 三角形 BNO 的面积为：

18－9－3＝6（cm²），

三角形 *ADO* 的面积＋三角形 *BCO* 的面积为：

36÷2＝18（cm²），

阴影部分面积为：

18－6＝12（cm²）。

答：阴影部分的面积是12平方厘米。

（4）如图 1.3-7，长方形 *ABCD* 的面积是 60 cm²，*E*、*F* 分别是 *AB* 和 *AD* 的中点，*CE* 的长是 10 cm，*FH* 的长是多少厘米？

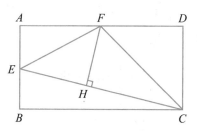

图 1.3-7

分析：求 *FH* 的长，已知 *CE* 的长，若知三角形 *FEC* 的面积便能求出。三角形 *FEC* 的面积＝长方形 *ABCD* 的面积－三角形 *FCD* 的面积－三角形 *FEA* 的面积－三角形 *CBE* 的面积。因为 *E*、*F* 分别是 *AB* 和 *AD* 的中点，长方形 *ABCD* 的面积是 80 cm²，可求出三角形 *FCD* 的面积、三角形 *FEA* 的面积、三角形 *CBE* 的面积，从而可求出三角形 *FEC* 的面积，进而求出 *FH* 的长。

解：因为四边形 *ABCD* 是长方形，

所以 *AB*＝*DC*，*AD*＝*BC*。

因为 *E*、*F* 分别是 *AB* 和 *AD* 的中点，

所以 $AE = EB = \frac{1}{2}AB$，$AF = FD = \frac{1}{2}BC$。

因为长方形 $ABCD$ 面积为 $BC \times AB = 60 \, cm^2$，

所以三角形 CBE 的面积为：

$$\frac{1}{2}BC \times BE = \frac{1}{2}BC \times \frac{1}{2}AB$$

$$= \frac{1}{4}BC \times AB$$

$$= \frac{1}{4} \times 60$$

$$= 15 \, （cm^2），$$

三角形 FAE 的面积为：

$$\frac{1}{2} \times AE \times AF = \frac{1}{2} \times AB \times \frac{1}{2}BC$$

$$= \frac{1}{8}AB \times BC$$

$$= \frac{1}{8} \times 60$$

$$= 7.5 \, （cm^2），$$

三角形 FDC 的面积为：

$$\frac{1}{2} \times DC \times FD = \frac{1}{2}DC \times \frac{1}{2}BC$$

$$= \frac{1}{4}DC \times BC$$

$$= \frac{1}{4} \times 60$$

$$= 15 \, （cm^2）。$$

因为三角形 *FEC* 的面积 = 长方形 *ABCD* 的面积 − 三角形 *FCD* 的面积 − 三角形 *FEA* 的面积 − 三角形 *CBE* 的面积，

所以三角形 *FEC* 的面积为：

$60 - 15 - 7.5 - 15 = 22.5$（cm²）。

又因为三角形 *FEC* 的面积 $= \frac{1}{2} \times CE \times FH$，$CE = 10\,cm$，

所以 $\frac{1}{2} \times 10 \times FH = 22.5$，

$FH = 22.5 \times 2 \div 10 = 4.5$（cm）。

答：*FH* 的长是 4.5 厘米。

课外练习与答案

1. 基础练习题

（1）用一个长 6 cm，宽 4 cm 的长方形剪一个最大的正方形，这个正方形的面积是多少？

（2）一个平行四边形一个底边长是 16 cm，这条底边上的高是它的 2 倍。这个平行四边形的面积是多少？

（3）一块三角形的地，底是 500 m，高是 36 m，这块地的面积是多少？如果拖拉机每分钟耕地 9 m²，那么这块地要用多长时间耕完？

（4）在一块底边长 8 m，高 6.5 m 的平行四边形菜地里种萝卜。如果每平方米收萝卜 7.5 kg，这块地可收萝卜多少千克？

（5）一块三角形的玻璃，测量它的底长是 115 dm，高是 84 dm。如果每平方分米玻璃的价格是 2 元，那么买这块玻璃要用多少钱？

2. 提高练习题

（1）如图1.4-1，梯形 $ABCD$ 的面积是 $72\,cm^2$，求三角形 ABD 的面积。

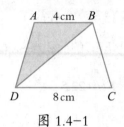

图 1.4-1

（2）如图1.4-2，求该图形的面积。（单位：cm）

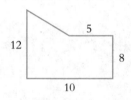

图 1.4-2

（3）卧室里的挂钟的底板是从一块长1.2 m，宽0.6 m的长方形薄片中剪下的一个最大的圆，你知道这个圆有多大吗？

（4）一间房子要用方砖铺地，用边长是3 dm的方砖，需要96块。如果改用边长是2 dm的方砖，需要多少块？

（5）一块三角形钢板，底边长是3.6 dm，高是1.5 dm。这种钢板每平方分米重1.8 kg，这块钢板重多少千克？

（6）图1.4-3中阴影部分的面积是多少呢？（单位：cm）

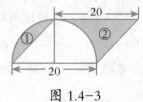

图 1.4-3

3. 经典练习题

（1）一个长方形花坛的面积是 $6\,m^2$，如果长增加 $\frac{1}{3}$，宽增加 $\frac{1}{4}$，那么现在的面积比原来增加了多少平方米？

（2）一面用纸做成的直角三角形小旗，底是 $12\,cm$，高是 $20\,cm$。做 10 面这样的小旗，至少需要这种纸多少平方厘米？

（3）一个三角形和一个平行四边形面积相等。已知三角形底的是 $6\,cm$，高是 $5\,cm$，平行四边形底是 $15\,cm$，高是多少厘米？

（4）工地上有一堆钢管，横截面是一个梯形，已知最上面一层有 2 根，最下面一层有 12 根，共堆了 6 层。这堆钢管共有多少根？

（5）一个长方形，如果宽不变，长增加 $8\,m$，那么面积就增加了 $72\,m^2$；如果长不变，宽减少 $4\,m$，那么面积就减少 $48\,m^2$。这个长方形原来的面积是多少？

（6）求图 1.4-4 中阴影部分的面积。

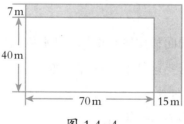

图 1.4-4

答 案

1. 基础练习题

（1）这个正方形的面积是 16 平方厘米。

（2）这个平行四边形的面积是 512 平方厘米。

（3）这块地的面积是 9000 平方米，耕完这块地要用 1000 分钟。

（4）这块地可收萝卜 390 千克。

（5）买这块玻璃要用 9660 元。

2. 提高练习题

（1）三角形 *ABD* 的面积是 24 平方厘米。

（2）该图形的面积是 90 平方厘米。

（3）这个圆的面积为 0.2826 平方米。

（4）如果改用边长是 2 分米的方砖，需要 216 块。

（5）这块钢板重 4.86 千克。

（6）阴影部分的面积是 100 平方厘米。

3. 经典练习题

（1）现在的面积比原来增加了 4 平方米。

（2）至少需要这种纸 1200 平方厘米。

（3）高是 1 厘米。

（4）这堆钢管共有 42 根。

（5）这个长方形原来的面积是 108 平方米。

（6）阴影部分的面积是 1195 平方米。

◆ 从堆罗汉到等差级数

堆罗汉便是从最底层开始往上数，每层比下面一层减少一个人，直到顶层上只有一个人为止。

像这类按顺序相差相同数的一群数，在数学上，它们叫作等差数列，其和为等差级数。关于等差级数的计算，其实并不难懂。这里只讲从1开始，到某一数为止的若干个连续整数的和，用式子表示出来，就是：

（1）$1+2+3+4+5+6+7+\cdots$。

和这个性质相类似的，还有从1起，到某数为止的各整数的平方和、立方和：

（2）$1^2+2^2+3^2+4^2+5^2+6^2+7^2+\cdots$；

（3）$1^3+2^3+3^3+4^3+5^3+6^3+7^3+\cdots$。

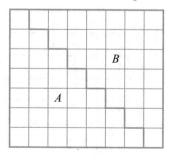

图 2-1

从图2-1可看出，这个长方形由 A、B 两部分组成，而 B

恰好是 A 的倒置，所以

$A = 1+2+3+4+5+6+7$,

$B = 7+6+5+4+3+2+1$。

A、B 两部分的面积是相同的，都等于整个长方形面积的一半。至于这个长方形的面积，只要将它的长和宽相乘就可以得出，它的宽是7，长是 $7+1$，因此面积就是：

$(7+1) \times 7 = 8 \times 7 = 56$。

而 A 的面积正是这 56 的 $\frac{1}{2}$，由此我们就得出一个式子：

$$1+2+3+4+5+6+7 = \frac{7 \times (7+1)}{2} = \frac{7 \times 8}{2} = 28。$$

这个式子推到一般的情形去，就变成了：

$$1+2+3+4+\cdots+n = \frac{n(n+1)}{2}。$$

第二、第三个式子，我们也可以用图形来研究它们的结果，虽然比较繁杂，但是也很有趣味，现在分开来讨论。

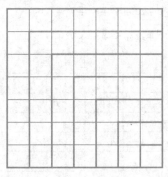

图 2-2

如图 2-2，我们注意小方块的数目和大方块的关系，很明显地可以看出来：

$1^2 = 1$，

$2^2 = 1 + 3$，

$3^2 = 1 + 3 + 5$，

$4^2 = 1 + 3 + 5 + 7$，

......

$7^2 = 1 + 3 + 5 + 7 + 9 + 11 + 13$。

如果用文字来说明，就是 2 的平方恰好等于从 1 起的两个连续奇数的和；3 的平方恰好等于从 1 起的三个连续奇数的和。一直推下去，7 的平方就是从 1 起的七个连续奇数的和。

所以，如果要求从 1 到 7 的七个数的平方和，只需将上列七个式子的右边相加就可以了。虽然这个方法没有什么不合理的地方，毕竟不简便，而且从中要找出一般的式子也不容易，因此我们得需要寻找另一种方法。

图 2-3

试将各式的右边表示的和，照堆罗汉的形式堆起来，我们就得出图2-3的形式（为了简便，只用1、2、3、4四个数）。

从这几个图中可以看出这样的结果：$1^2+2^2+3^2+4^2$这个总和当中，有4个1，3个3，2个5，1个7。所以我们要求的总和，用前一种形式可以排成图2-4，用后一种形式可以排成图2-5。

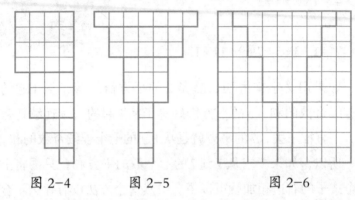

图 2-4   图 2-5   图 2-6

将它们比较一下，我们马上就知道如果将图2-4倒置，拼到图2-5，那么右边就没有缺口了；如果再将图2-4不但倒置而且还翻一个身，拼成图2-6，那么，左边也就直了。所以用两个图2-4和一个图2-5，刚好能够拼成图2-6那样的一个矩形。由它，我们就可知道所求的和正是它的面积的$\frac{1}{3}$。

至于这个矩形：它的长是$1+2+3+4=\dfrac{4\times(4+1)}{2}=10$，宽是$4+1+4=9$。因此，它的面积是$10\times9=90$，而我们所要求的$1^2+2^2+3^2+4^2$的总和，应当等于90的$\frac{1}{3}$，那就是30。按照实际去计算$1^2+2^2+3^2+4^2=1+4+9+16$，也仍然是30。由此可知，这个观察没有一丝错误。

如果要推到一般的情形中去，矩形的长是：

$$1+2+3+4+\cdots+n=\frac{n(n+1)}{2};$$

而它的宽是：

$$n+1+n=2n+1。$$

所以它的面积是：

$$(1+2+3+4+\cdots+n)(n+1+n)=\frac{n(n+1)(2n+1)}{2}。$$

这就可以证明：

$$1^2+2^2+3^2+4^2+\cdots+n^2=\frac{n(n+1)(2n+1)}{6}。$$

比如，我们要求的是从1到10十个整数的平方和，n 就等于10，这个和便是：

$$\frac{10\times(10+1)\times(2\times10+1)}{6}=\frac{10\times11\times21}{6}=385。$$

说到第三个式子，因为是数的立方的关系，照通常的想法，只能用立体图形来表示，但是如果将乘法的意义加以注意，用平面图形来表示一个立方，也不是完全不可能。

先从 2^3 说起，按照原来的意思本是3个2相乘，那就是 $2\times2\times2$。这个式子我们也可以想象成 $(2\times2)\times2$，这就可以认为它所表示的是2个2的平方的意思，可以画成图2-7①，再将形式变化一下，可得出图2-7②。

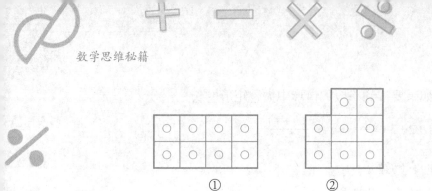

图 2-7

同样地，3^3可以用图2-8①或图2-8②表示，而4^3可以用图2-9①或图2-9②表示。

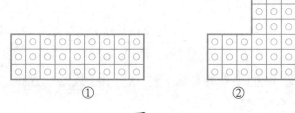

图 2-8

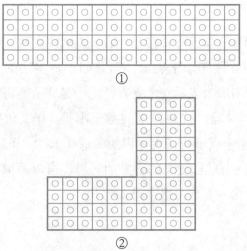

①

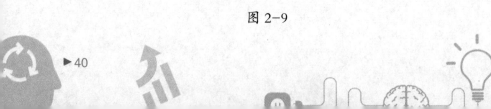

②

图 2-9

仔细观察图2-7②、图2-8②、图2-9②，我们可以得出下面的关系：

图2-7②的缺口恰好是1^2，但是1^3和1^2，我们用同一形式表示，在意义上没有很大的差别，所以1^3刚好可以填2^3的缺口。

图2-8②的缺口，每边都是3，这和图2-7②的外边相等，可知1^3和2^3一起，又正好可将它填满。

最后，图2-9②的缺口每边都是6，又恰等于图2-8②的外边。因此1^3、2^3和3^3并在一起，也能将它填满。按照这个填法，我们便得图2-10，它恰巧是$1^3+2^3+3^3+4^3$的总和。

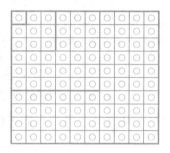

图 2-10

从另一方面来说，图2-10只是一个正方形，边长为$1+2+3+4$。

所以它的面积是（$1+2+3+4$）的平方，因此我们就证明了下面的式子：

$1^3+2^3+3^3+4^3=（1+2+3+4）^2$。

但是这式子右边括号里的数，照第一个式子应当有：

$$1+2+3+4=\frac{4\times(4+1)}{2}=10。$$

数学思维秘籍

因此

$$1^3+2^3+3^3+4^3=(1+2+3+4)^2=\left[\frac{4\times(4+1)}{2}\right]^2=10^2=100。$$

推到一般的情形去：

$$1^3+2^3+3^3+4^3+\cdots+n^3=(1+2+3+4+\cdots+n)^2=\left[\frac{n\times(n+1)}{2}\right]^2。$$

上面的三个式子，我们都只凭几个很小的数的观察，便推到一般的情形去，而得出一个含有 n 的公式。n 代表任何整数，这个推证究竟可不可靠呢？换句话说，我们的推证有没有别的根据呢？

按照实际的情形来说，我们已得出的三个公式都是对的。但是它对不对是一个问题，我们的推证法可不可靠，又是一个问题。

我来另举一个例子，比如 11，它的平方是 121，立方是 1331，4 次方是 14641。从这几个数，我们可以看出三个法则：

> 第一，这些数排列起来，对于中点说，都是对称的；第二，第一位和末一位都是 1；第三，第二位和倒数第二位都等于乘方的次数。

依这个观察的结果，我们可不可以说，11 的 n 次方便是 $1n\cdots n1$ 呢？

要下这个判断，我们无妨再举出一个次数比 4 还高的乘方来看，最简便的自然就是 5。11 的 5 次方，照实际计算的结果是 161 051。上面的三个条件，只有第二个还存在，如果再乘到 8 次方，结果是 214 358 881，就连第二个条件也不存在了。

从这个例子可以看出来，只是几个很小的数的变化观察得的结果，便推到一般情形中去，不一定可靠。假如没有别的方法去证明，在那三个式子中是有特殊的情形可以用那样的推证法，那么，我们宁愿去找另一种方法来解决。

是的，确实应该对前面所得出的三个公式产生怀疑，但是我们也并非毫无根据。第一个式子最少到7是对的，第二、第三个式子最少到4也是对的。我们如果耐心地接着试验下去，可以看出来，就是到8，到9，到100，乃至到1000都是对的。

但是这样试验太过笨拙，而且无论试验到什么数，我们总是一样不能保证，那公式就有了一般性，为此我们只能舍去这种逐步试验的方法。

我们虽然怀疑公式的一般性，但是无妨"假定"它的形式是对的，再来加以检验，为了方便，在此重写一次：

（1）$1+2+3+\cdots+n=\dfrac{n(n+1)}{2}$ ；

（2）$1^2+2^2+3^2+4^2+\cdots+n^2=\dfrac{n(n+1)(2n+1)}{6}$ ；

（3）$1^3+2^3+3^3+4^3+\cdots+n^3=\left[\dfrac{n(n+1)}{2}\right]$ 。

在这三个式子中，我们说 n 代表一个整数，那么 n 的下一个整数就应当是 $n+1$。假定这三个式子是对的，我们试来看看，当 n 变成 $n+1$ 的时候是不是还对，这自然只是依照式子的"形式"去考查，但是这种考查我们用不着怀疑。在某种意义上，数学便是符号的科学，也就是形式的科学。

所谓 n 变到 $n+1$，无异于说，在各式的两边都加上一个含 $(n+1)$ 项，照下面的程序计算：

（1）
$$1+2+3+\cdots+n+(n+1)=\frac{n(n+1)}{2}+(n+1)$$
$$=\frac{n(n+1)+2(n+1)}{2}$$
$$=\frac{(n+1)(n+2)}{2}$$
$$=\frac{(n+1)[(n+1)+1]}{2};$$

（2）
$$1^2+2^2+3^2+\cdots+n^2+(n+1)^2=\frac{n(n+1)(2n+1)}{6}+(n+1)^2$$
$$=\frac{n(n+1)(2n+1)+6(n+1)^2}{6}$$
$$=\frac{(n+1)(n+2)(2n+3)}{6}$$
$$=\frac{(n+1)[(n+1)+1][2(n+1)+1]}{6};$$

（3）
$$1^3+2^3+3^3+\cdots\cdots n^3+(n+1)^3=\left[\frac{n(n+1)}{2}\right]^2+(n+1)^3$$
$$=\frac{n^2(n+1)^2}{4}+(n+1)^3$$
$$=\frac{(n+1)^2(n^2+4n+4)}{4}$$

$$= \frac{(n+1)^2 (n+2)^2}{4}$$

$$= \frac{(n+1)^2 [(n+1)+1]^2}{4}$$

$$= \left\{ \frac{(n+1)[(n+1)+1]}{2} \right\}^2 。$$

从这三个式子的最后结果看去，和我们所假定的式子，除了 n 改成 $n+1$ 以外，形式完全相同。因此，我们得出一个极重要的结论：

> 如果我们的式子对于某一个整数，例如 n 是对的，那么对于这个整数的下一个整数，例如 $(n+1)$，也是对的。

事实上，我们已经观察出来了，这三个式子至少对于4都是对的。运用这个结论，我们无须再去试验，也就有理由可以断定它们对于5（也就是4+1）都是对的。

既然对于5对了，那么同一理由，对于6也是对的，再推下去对于7，8，9…都是对的。

到了这里，我们就有理由承认这三个式子的一般性，再不容怀疑了。这种证明法，我们把它叫做数学归纳法。

数学上常用的多是演绎法，关于堆罗汉这类级数的公式，算术上的证明法，也就是演绎的，为了便于比较，也将它写出。比如：

$S = 1+2+3+\cdots+(n-2)+(n-1)+n，$

如果将这式子右边各项的顺序颠倒，就得到

$$S=n+(n-1)+(n-2)+\cdots+3+2+1。$$

再将两式相加，便得出下面的式子：

$$2S=(1+n)+[2+(n-1)]+[3+(n-2)]+\cdots+[(n-2)+3]+[(n-1)+2]+(n+1)$$

$$=(n+1)+(n+1)+(n+1)+\cdots+(n+1)+(n+1)+(n+1)$$

$$=n(n+1)。$$

两边再用2去除，于是：

$$S=\frac{n(n+1)}{2}。$$

这个式子和前面所得出来的完全一样，所以一点用不着怀疑，不过我们所用的方法究竟可不可靠，也得注意。

一般说来，演绎法不大稳当，因为它的基础是建立在一些更加普遍的法则上面，如果这些被它所凭借的、更普遍的法则当中，有几个或一个不是很严谨，那么不是将有全盘动摇的危险吗？

比如刚才的证明，第一步，将式子左边各项的顺序调换，这是根据一个更普遍的法则，叫作"交换定则"的。然而交换定则在一般情形固然可以运用无误，但是在特殊的情形时，并非毫无问题。所以假如我们肯追根究底的话，这个证明法可以适用交换定则，也得另有根据。

至于证明的第二、第三步，都是依据了数学上的公理，公理虽然没有什么直接证明加以保障，但是不容许我们怀疑，这可不必管它。

归纳法比演绎法来得可靠，我们可以再来探究一下。前面我们所用过的步骤，归纳起来有四个：

第一，根据少量的数目来观察出一个共通的形式；

第二，将这形式推到一般去，"假定"它是对的；

第三，验证这假定的形式，是否再能往下推去。

第四，如果验证的结果是肯定的，那么我们的假定就可认为符合事实了。

前面我们曾经说过：

$1^2 = 1$,

$2^2 = 1 + 3$,

$3^2 = 1 + 3 + 5$,

$4^2 = 1 + 3 + 5 + 7$。

由这几个式子我们知道：

$1 = 1^2$,

$1 + 3 = 2^2$,

$1 + 3 + 5 = 3^2$,

$1 + 3 + 5 + 7 = 4^2$。

从这四个式子来看，可以得出一个通用的形式，就是：左边是从1起的连续奇数的和，右边是这和所包含奇数的"个数"的平方。

将这形式推到一般去，假定它是对的，那就得出：

$1 + 3 + 5 + \cdots + (2n - 1) = n^2$。

到了这一步，我们就要来验证一下，这形式再往下推一个奇数究竟对不对。我们在式子的两边同时加上（$2n-1$）的下一个奇数（$2n+1$），于是：

$$1+3+5+\cdots+(2n-1)+(2n+1)=n^2+(2n+1)$$
$$=n^2+2n+1$$
$$=(n+1)^2。$$

由此可知，我们的假定如果对于 n 是对的，那么对于（$n+1$）也是对的。依我们的观察，假设 n 等于1、2、3、4的时候都是对的，所以对于5，对于6，对于7、8、9…一步一步地往下都是对的，所以可认为我们的假定符合事实。

将数学归纳法和一般归纳法相比较，这是一个很有趣的问题。总的来说，它们并没有根本差异。我们可以说数学归纳法是一般归纳法的一种特殊形式，试从我们所截取的步骤来比较一下。

第一步，在它们当中，都离不开观察和试验，而观察和试验的对象也都是一些特殊的事实。在我们前面所举的例子当中，似乎只用到观察，并没有经过什么试验。事实上，我们所研究的对象，有些固然是无法去试验，只能凭观察去探究。

如果从步骤上说，我们所举例子的第一步当中，也不是完全没有试验的意味。比如最后一个例子，我们从 $1=1^2$ 这个式子是什么意义也发现不出来，于是只好去看第二个式子 $1+3=2^2$，就这个式子而言，我们能够得出许多假定来。

在前面所用过的，说左边要乘方的2就是表示右边的项数，这自然就是其中一个。但是我们也可以说，那指数2才是表示右边项数。我们又可以说，左边要乘方的 2 是右边的末一项减去 1。

像这类的假定可以找出很多，至于这些假定当中哪一个接近真实，那就不得不用别的方法来证明。到了这一步，我们可以用各个假设到第三、第四个式子去试验一下，便可看出，只有我们所用过的那一个是符合实际的。

一般归纳法，最初也是这样入手的，将我们所要研究的对象尽量收集起来，仔细地去观察，当有必要且可能的时候，小心地去试验。由这一步，我们就可以看出一些共同的现象来。

至于这些现象，由何产生？会出现什么结果？或是它们当中有什么关联？对此，我们往往可以提出若干假定来。在这些假定当中，自然免不了有一部分是根基极不稳固的，只要凭一些仔细的观察或试验就可推翻。对于这些，自然在这第一步，我们就可以将它们弃掉了。

第二步，数学归纳法，是将我们所观察得到的形式推到一般去，假定它是真实的。至于一般归纳法，因为它所研究的并不一定只是一个形式问题，所以推到一般情形的话，很难照样应用。

虽然是这样，原理却没有什么不同，我们就是将自己观察和试验的结果综合起来，提出一些较普遍的假设。有了这假设，进一步自然是要验证它们。

在数学归纳法上，如前面所说过的，验证它们比较简单，只需将所假定的一般的式子当中的 n 推到 $n+1$ 就够了。如果在一般归纳法中，却没有这种便宜可占。

到了这个程度，我们就需要利用演绎法，把我们的假定当作大前提，推测它们对于某种特殊现象时，然后会发生什么结果。

这结果究竟会不会有呢？这又得靠观察和试验来证明了。经过若干的观察或试验，假如都证明了我们的推测是分毫不差的，那么，我们的假定就有了保障，成为一个定理。

许多大科学家往往能令我们起敬、吃惊，有时他们简直好像一个大预言家，就是因为他们假定的基础很稳固，所推测的结果也能符合事实。

在这里，有一点必须说明白，如果我们提出假定不止一个，那么根据各个假定都可得出一些推测结果来，在没有别的事实来证明的时候，它们彼此之间绝对没有什么价值的优劣可说。

但是到了事实出来做最后的证人时，自然"最多"只有一个假定的推测可以胜诉。换句话说，也"最多"就只有一个假定是对的了。为什么我们还要说"最多"只有一个呢？因为，有些时候，我们所提出的假定也许全都不对。

一般归纳法，应用起来虽然不容易，但是原理却不过如此。我们经过了上面所说的步骤，结果都很好，自然我们就可得出一些定理或定律来。不过有一点必须注意：

在一切过程中，无论我们多么小心谨慎，毕竟我们的能力有限，所能探究的领域终究不是全体，因此我们证明为对的假定，即使当成定理或定律来应用，我们还得虚心，应当常常想到，也许有新的，我们以前所不曾注意到的现象出来否定它。

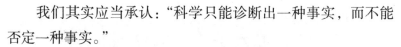

我们其实应当承认："科学只能诊断出一种事实，而不能否定一种事实。"

科学本来只是从事实中去找出法则来，如果有了一个法则，遇见和它抵触的事实，便武断地将这个事实否定，这只是自欺欺人。因为事实存在，并不能由空口无凭否认，便烟消云散。

事实和理论不相符合，可以说有两个来源：一是我们所见到的事实，并非是真的事实。换句话说，就是我们对于那事实的一切认识未必有科学的依据。

还有一个来源，便是科学上的原理或法则本身有缺点。所谓科学诊断事实，就是：第一，是诊断事实的真伪；第二，如果诊断出它是真实的，进一步就要找出合理的说明。

所以，科学的精神，最根本的是不武断、不盲从。科学的态度，就是要虚心地去运用科学的方法。

基本公式与例解

1. 基本概念与公式

（1）等差级数

例如1，3，5，7，9为一个等差数列，而1+3+5+7+9则为一个等差级数。

（2）基本公式

观察：1，3，5，7，9，…，19

第 第 第 第 第 第

项数 | 1 2 3 4 5 10

项 项 项 项 项 项

首 末
项 项

每一个数称为数列的项，第一个数叫作"首项"，第二个数叫作"第2项"，以此类推，最后一个数叫作"末项"。一共有几个数，项数就是几。

①等差数列通项公式：$a_n = a_1 + (n-1)d$。

如果一列数，从第1项开始，以后每一项都是它的前一项加上一个固定的数，即 a_1，a_1+d，a_1+2d，a_1+3d，…，$a_1+(n-1)d$。那么这个数列叫作等差数列，固定的数 d 称为公差。

例1：等差数列 $\{a_n\}$ 中，$d=-2$，$n=40$，$a_n=-79$，求 a_1。

解：因为 $-79=a_1+(40-1)\times(-2)$，

所以 $a_1=-1$。

② 等差数列项数公式：$n=\dfrac{(a_n-a_1)}{d}+1$。

例2：数列4，10，16，22，…，52共有多少项?

解：因为 $22-16=16-10=10-4=6$，

所以这是一个等差数列，其公差 $d=6$，首项 $a_1=4$，末项 $a_n=52$。

所以 $n=(52-4)\div6+1=9$。

③ 我们把等差数列 $\{a_n\}$ 的前 n 项和记作 S_n，即 $S_n=a_1+a_2+\cdots+a_n$。

对 $1+2+3+\cdots+(n-1)+n$ 有 $S_n=\dfrac{n(n+1)}{2}$。

例3：求前1000个正整数的和。

解：正整数从小到大排列成一个等差数列，首项为1，第1000项为1000。根据等差数列求和公式 $S_n=\dfrac{n(n+1)}{2}$，得

$S_{1000}=1000\times(1+1000)\div2$

$\qquad=1000\times1001\div2$

$\qquad=500\,500$。

④ 前 n 项和公式：$S_n=na_1+\dfrac{n(n-1)}{2}d$。

图2.1-1是一个首项 $a_1=1$，公差 $d=2$ 的等差数列。如果想要用数列的方法计算一共有多少个点，可以利用等差数列求和公式计算。

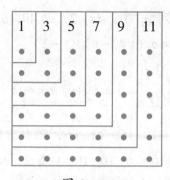

1	3	5	7	9	11

图 2.1-1

例4：已知一个等差数列的首项 $a_1=1$，公差 $d=2$，求它的前6项的和。

解：$S_n = na_1 + \dfrac{n(n-1)}{2}d$

$S_6 = 6 \times 1 + \dfrac{6(6-1)}{2} \times 2$

$= 6 + 15 \times 2$

$= 36$。

⑤二阶等差数列。

二阶等差数列，又叫差后等差数列，就是数列的后项减前项组成的新数列是等差数列。比如3，7，12，18，25就是二阶等差数列，因为后项减前项的差 $7-3=4$、$12-7=5$、$18-12=6$、$25-18=7$组成一个新的等差数列。

$a_2 - a_1 = k$，

$a_3 - a_2 = k + d$，

$a_4 - a_3 = k + 2d$，

……

$a_n - a_{n-1} = k + (n-2)d$，

$$a_n - a_1 = (n-1)k + [1 + 2 + \cdots + (n-2)]d$$
$$= (n-1)k + \frac{(n-2)(n-1)d}{2}。$$

所以通项公式：

$$a_n = a_1 + (n-1)k + \frac{(n-2)(n-1)d}{2}。$$

例5：请计算二阶等差数列1，2，4，7，11，16的通项公式。

解：令数列 a_n 的前 6 项分别为 $a_1 = 1$，$a_2 = 2$，$a_3 = 4$，$a_4 = 7$，$a_5 = 11$，$a_6 = 16$。

$$a_2 - a_1 = 1，$$
$$a_3 - a_2 = 2，$$
$$a_4 - a_3 = 3，$$
$$a_5 - a_4 = 4，$$
$$a_6 - a_5 = 5，$$
$$\cdots\cdots$$
$$a_{n-2} - a_{n-3} = n - 3，$$
$$a_{n-1} - a_{n-2} = n - 2，$$
$$a_n - a_{n-1} = n - 1，$$

把上面等式的左边和右边分别相加，得

$$a_n - a_{n-1} + a_{n-1} - a_{n-2} + \cdots + a_2 - a_1 = (n-1) + (n-2) + \cdots + 2 + 1。$$

化简，得

$$a_n - 1 = (n-1) + (n-2) + \cdots + 2 + 1$$
$$= \frac{n(n-1)}{2}。$$

[""]

所以 $a_n = \dfrac{n(n-1)}{2} + 1$，

即 $a_n = \dfrac{n^2 - n + 2}{2}$。

2. 强化训练

例1：数列81，79，…，13，11，共有多少项？

解：$d = 79 - 81 = 11 - 13 = -2$，

$$n = \frac{a_n - a_1}{d} + 1$$

$$= \frac{11 - 81}{-2} + 1$$

$$= 36。$$

例2：求 $102 + 104 + 106 + \cdots + 2016 + 2018 + 2020$ 的值。

解：$102 + 104 + 106 + \cdots + 2016 + 2018 + 2020$

$$= \frac{102 + 2020}{2} \times \left(\frac{2020 - 102}{2} + 1 \right)$$

$$= 1061 \times 960$$

$$= 1\,018\,560。$$

例3：求 $1 + 3 + 4 + 6 + 7 + 9 + 10 + 12 + 13 + \cdots + 66 + 67 + 69 + 70$

的值。

解：$1 + 4 + 7 + 10 + 13 + \cdots + 67 + 70$

$$= \frac{1 + 70}{2} \times \left(\frac{70 - 1}{3} + 1 \right)$$

$$= 852，$$

$$3+6+9+\cdots+66+69$$

$$=\frac{3+69}{2}\times\left(\frac{69-3}{3}+1\right)$$

$$=828,$$

所以原式 $=852+828=1680$。

例4：已知一个等差数列的首项为 -12，第30项为18，它的前30项的和是多少？

解：因为 $S_n=\frac{n(a_1+a_n)}{2}$，

所以 $S_{30}=30\times(-12+18)\div2$

$$=30\times6\div2$$

$$=90。$$

例5：有一个二阶等差数列：3，4，（　　），69，133。括号中的数应该是多少？

解：设 $a_1=3$，$a_2=4$，$a_4=69$，$a_5=133$，则

$a_2-a_1=1$，$a_5-a_4=64$，

因为是二阶等差数列，

所以 $a_5-a_4=a_2-a_1+3d$，

$64=1+3d$。

所以 $d=21$。

因为 $a_3-a_2=a_2-a_1+d$，

所以 $a_3=2a_2+d-a_1$

$$=2\times4+21-3$$

$$=26,$$

即括号中的数应该是26。

应用习题与解析

1．基础练习题

（1）等差数列3，7，11，15，…的第100项是多少？

考点：等差数列通项公式。

分析：这个等差数列的首项是3，公差是4，项数是100，求第100项。每一项的计算是3，$3+1\times4$，$3+2\times4$，$3+3\times4$，$3+4\times4$，…，$3+(n-1)\times4$。

解：因为$a_n=a_1+(n-1)d$，$a_1=3$，$d=7-3$，$n=100$，

所以$a_{100}=3+(100-1)\times4=399$。

（2）求数列1，2，3，4，…，99，100的和。

考点：等差数列求和公式。

分析：一个等差数列，首项为1，第100项为100，根据等差数列求和公式，可以直接计算结果。

解：因为$S_n=\dfrac{n(a_1+a_n)}{2}$，$a_1=1$，$a_{100}=100$，

所以$S_{100}=\dfrac{100\times(1+100)}{2}\times1=5050$。

（3）求等差数列2，5，8，11，…，101的项数。

考点：等差数列项数公式。

分析：这是一个等差数列，公差$d=3$，$a_1=2$，末项$a_n=101$，求n。

解：$d=11-8=8-5=5-2=3$，

$n=(101-2)\div3+1=34$。

（4）求$1+11+21+\cdots+2001+2011+2021$的值。

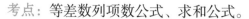

考点：等差数列项数公式、求和公式。

分析：要求和，先要求项数，根据项数公式 $n = \dfrac{a_n - a_1}{d} + 1$，求出项数是203，再求和。

解：$2021 - 2011 = 2011 - 2001 = 21 - 11 = 11 - 1 = 10$，

（$2021 - 1$）$\div 10 + 1 = 203$，

$1 + 11 + 21 + \cdots + 2001 + 2011 + 2021$

$= （1 + 2021） \times 203 \div 2$

$= 205\,233$。

（5）某看台有30排座位，后面一排依次比前一排多2个座位，又知最后一排有132个座位。这个看台一共有多少个座位？

考点：等差数列通项公式、求和公式。

分析：要求这30个数的和，必须要知道第一排的座位数，而最后一排的座位数是由第一排座位数加上（$30 - 1$）$\times 2$ 计算出来的，这样就可以求出第一排的座位数。

解：因为 $a_n = a_1 + （n - 1） d$，所以 $a_1 = a_n - （n - 1） d$。

所以 $a_1 = 132 - （30 - 1） \times 2 = 74$。

由 $S_n = \dfrac{n（a_1 + a_n）}{2}$，得

$S_{30} = （74 + 132） \times 30 \div 2 = 3090$。

答：体育馆看台一共有3090个座位。

（6）计算：（$7 + 9 + 11 + \cdots + 23 + 25$）$-$（$5 + 7 + 9 + \cdots + 23$）。

考点：等差数列求和。

分析：将这个公式分两部分计算，分别求出两个括号里的和，再相减。也可以通过观察两个数列的特征做简便运算。

数学思维秘籍

解：（方法一）$(25-7) \div 2+1=10$，$(23-5) \div 2+1=10$，

$[(7+25) \times 10 \div 2]-[(5+23) \times 10 \div 2]$

$=160-140$

$=20$。

（方法二）将原式去括号，整理，得

原式 $=-5+7-7+9-9+11-11+\cdots+23-23+25$

$=-5+25$

$=20$。

（7）有一个二阶等差数列：10，18，33，（　），84。括号中的数应该是多少呢？

考点：二阶等差数列。

分析：$18-10=8$，$33-18=15$，由二阶等差数列可知 $d=15-8=7$。

解：设 $a_1=10$，$a_2=18$，$a_3=33$，$a_5=92$，则

$a_2-a_1=18-10=8$，

$a_3-a_2=33-18=15$，

因为该数列是二阶等差数列，

所以 $d=a_3-a_2-(a_2-a_1)=15-8=7$，

$a_4-a_3=a_3-a_2+d$。

所以 $a_4=2a_3-a_2+d$。

$=2 \times 33-18+7$

$=55$。

所以括号中的数应该是55。

（8）已知等差数列 $\{a_n\}$ 的前9项和为27，$a_{10}=8$，求 a_{100}。

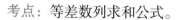

考点：等差数列求和公式。

分析：已知 $S_9 = 27$，等差数列求和公式 $S_n = \dfrac{n(a_1 + a_n)}{2}$，可以计算出 $a_1 + a_9 = 6$。又根据 $a_9 = a_1 + 8d$，$a_{10} = 8$ 两个条件，可以计算出 a_1 和 d，继续求出 a_{100}。

解：由 $S_n = \dfrac{n(a_1 + a_n)}{2}$，得

$27 = 9(a_1 + a_9) \div 2$，

$a_1 + a_9 = 6$，

$2a_1 + 8d = 6$，

$a_1 + 4d = 3$。

又因为 $a_{10} = a_1 + 9d = 8$，

所以 $\begin{cases} a_1 = -1, \\ d = 1。\end{cases}$

所以 $a_{100} = a_1 + 99d$

$= -1 + 99 \times 1$

$= 98$。

2. 巩固提高题

（1）计算 $2 + 4 + 6 + \cdots + 48 + 50$ 的值。

考点：等差数列求和公式。

分析：要求这一数列的和，首先求出项数 $(50 - 2) \div 2 + 1 = 25$，再利用等差数列的求和公式 $S_n = \dfrac{n(a_1 + a_n)}{2}$ 即可求解。

解：$(50 - 2) \div 2 + 1 = 25$，$(2 + 50) \times 25 \div 2 = 650$。

（2）首项为3，公差为2的等差数列，它的第10项是多少？

考点：等差数列通项公式。

数学思维秘籍

分析：$a_1=3$，$d=2$，$n=10$，根据 $a_n=a_1+(n-1)d$，将已知条件代入即可。

解：$a_{10}=3+(10-1)\times2=21$。

（3）计算：$(2+4+6+\cdots+100)-(1+3+5+\cdots+99)$。

考点：等差数列求和公式。

分析：被减数和减数都是等差数列的和，因此可以先分别求出它们各自的和，然后相减计算出结果。进一步分析还可以发现，这两个数列其实是把从 1 到 100 这 100 个数分成了奇数和偶数两个等差数列，每个数列都有 50 项。因此，我们也可以把这两个数列中的每一项分别对应相减，可以得到 50 个差，再求出所有差的和。

解：（方法一）

$$2+4+6+\cdots+100$$
$$=\frac{2+100}{2}\times\left(\frac{100-2}{2}+1\right)$$
$$=2550,$$
$$1+3+5+\cdots+99$$
$$=\frac{1+99}{2}\times\left(\frac{99-1}{2}+1\right)$$
$$=2500,$$

原式 $=2550-2500=50$。

（方法二）

$$(2+4+6+\cdots+100)-(1+3+5+\cdots+99)$$
$$=(2-1)+(4-3)+(6-5)+\cdots+(100-99)$$
$$=1+1+1+\cdots+1$$
$$=50。$$

（4）甲、乙二人住在同一条胡同的同一侧，甲住11号，乙住189号，且胡同两侧的门牌号为一侧奇数号，一侧偶数号。甲、乙二人的住处相隔多少个门？

考点：等差数列项数公式。

分析：甲、乙二人的家之间所有门牌号组成了一个等差数列。已知二人住在同一侧，门牌号则是11，13，15，…，奇数排列，通过这个常识问题，我们知道公差$d=2$。根据题干，这个等差数列的首项为11，末项为189，公差为2。

解：$n = \dfrac{a_n - a_1}{d} + 1$

$\quad\ = (189 - 11) \div 2 + 1$

$\quad\ = 90$，

$90 - 2 = 88$（个）。

答：甲、乙二人的住处相隔88个门。

（5）求二阶等差数列1，3，6，10，15，…的通项公式。

考点：二阶等差数列通项公式。

分析：令数列$\{a_n\}$的前5项分别为$a_1 = 1$，$a_2 = 3$，$a_3 = 6$，$a_4 = 10$，$a_5 = 15$。利用求通项公式$a_n = a_1 + (n-1)k + \dfrac{(n-2)(n-1)d}{2}$的思路求解。

解：$a_2 - a_1 = 2$，

$\quad\ a_3 - a_2 = 3$，

$\quad\ a_4 - a_3 = 4$，

$\quad\ \cdots\cdots$

$\quad\ a_n - a_{n-1} = n$。

将以上各式左右两边分别相加，得

$$a_n - a_1 = 2 + 3 + \cdots + n,$$

所以 $a_n = \dfrac{(2+n)(n-1)}{2} + a_1$

$$= \dfrac{(2+n)(n-1)+2}{2}$$

$$= \dfrac{n(n+1)}{2}。$$

（6）找出 16，17，19，22，27，（   ），45 之间的规律，并求出括号中的数字。

考点：数列。

分析：$17-16=1$，$19-17=2$，$22-19=3$，$27-22=5$。我们可以看出下一个数是上一个数加上一个质数，所以根据后面的质数依次是 7 和 11，可以计算出括号里应该是 34。

解：设 $a_1=16$，$a_2=17$，$a_3=19$，$a_4=22$，$a_5=27$，$a_6=x$，$a_7=45$，则

$$a_2 - a_1 = 17 - 16 = 1,$$
$$a_3 - a_2 = 19 - 17 = 2,$$
$$a_4 - a_3 = 22 - 19 = 3,$$
$$a_5 - a_4 = 27 - 22 = 5,$$

根据以上算式结果，可以知道规律为：下一个数是上一个数加上一个质数。

所以 $a_6 - a_5 = x - 27 = 7$，

$$a_7 - a_6 = 45 - x = 11,$$
$$x = 34。$$

奥数习题与解析

1. 基础训练题

（1）编号是 1，2，3，4，…，36 的 36 名同学，按编号顺序面向里站成一圈。第一次，编号是 1 的同学向后转；第二次，编号是 2，3 的同学向后转；第三次，编号是 4，5，6 的同学向后转；…；第 36 次，全体同学向后转。最后面向里的同学有几人？

分析：根据题意可知，第一次向后转 1 人，第二次向后转 2 人，第三次向后转 3 人，…，第 36 次向后转 36 人。这时，向后转的同学总数为：$1+2+3+\cdots+36=(1+36)\times36\div2=666$。可是一共有 36 人，所以 $666\div36=18\cdots\cdots18$。这说明每人向后转了 18 次后，有 18 人向里，18 人向外。

解：$1+2+3+\cdots+36=(1+36)\times36\div2=666$（次），

$\quad666\div36=18$（次）$\cdots\cdots18$，

$\quad36-18=18$（人）。

答：最后面向里的同学还有 18 人。

（2）学校进行乒乓球比赛，每个参赛选手都要和其他选手比赛 1 场。①若有 20 人参赛，则一共要进行多少场比赛？②若一共进行了 78 场比赛，则有多少人参加了比赛？

分析：①设 20 个选手分别是 a_1，a_2，a_3，…，a_{20}，我们从 a_1 开始按照 a_1 必须和 a_2，a_3，…，a_{20} 各比赛一场，共计 19 场；a_2 要和 a_3，a_4，…，a_{20} 各比赛一场，共计 18 场，依次类推。然后再求和便可以计算出来结果。

② 设参赛选手有 n 人，则比赛的场次是 $1+2+3+\cdots+(n-1)=78$。

解：① $19+18+17+\cdots+1$

$\qquad = (19+1)\times 19\div 2$

$\qquad =190$（场）。

② $1+2+3+\cdots+(n-1)=78$，

$\quad (n-1)(1+n-1)\div 2=78$，

$\qquad\qquad\qquad n(n-1)=156$，

$\qquad\qquad\qquad\qquad n=13$。

答：若有20人参赛，则一共要进行190场比赛。若一共进行了78场比赛，则有13人参加了比赛。

（3）在等差数列 $\{a_n\}$ 中，已知 $a_5=10$，$a_{12}=31$，求通项公式。

分析：已知 $a_5=10$，$a_{12}=31$，可以求出 a_1 和 d，再根据公式 $a_n=a_1+(n-1)d$ 求解即可。

解：因为 $10=a_1+(5-1)d$，

$\quad 31=a_1+(12-1)d$，

$\quad$ 所以 $a_1=-2$，$d=3$。

$\quad$ 所以 $a_n=a_1+(n-1)d$

$\qquad\qquad =-2+3(n-1)$

$\qquad\qquad =3n-5$。

2. 拓展训练题

（1）已知等差数列 $\{a_n\}$ 中，$a_1<a_2<a_3<\cdots<a_n$，且 a_3，a_6 为方程 $x^2-10x+16=0$ 的两个实根。求数列 $\{a_n\}$ 的通项公式。

分析：已知 a_3，a_6 为方程 $x^2-10x+16=0$ 的两个实根，

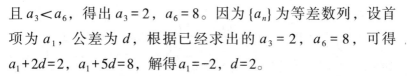

且 $a_3 < a_6$，得出 $a_3 = 2$，$a_6 = 8$。因为 $\{a_n\}$ 为等差数列，设首项为 a_1，公差为 d，根据已经求出的 $a_3 = 2$，$a_6 = 8$，可得 $a_1 + 2d = 2$，$a_1 + 5d = 8$，解得 $a_1 = -2$，$d = 2$。

解：由 $x^2 - 10x + 16 = 0$，得

$x_1 = 2$，$x_2 = 8$。

又 $a_3 < a_6$，

所以 $a_3 = 2$，$a_6 = 8$。

所以 $a_1 + 2d = 2$，$a_1 + 5d = 8$。

所以 $a_1 = -2$，$d = 2$。

所以 $a_n = -2 + (n-1) \times 2 = 2n - 4$。

（2）把 2020 表示成 20 个连续偶数的和，那么其中最大的偶数是多少？

分析：根据题意，可设最小的偶数是 $2n$，因为是连续的 28 个偶数，从小到大排列出来，后一个都比前一个大 2，再根据题意解答即可。

解：设最小的一个偶数为 $2n$，则

$2n + 2(n+1) + 2(n+2) + \cdots + 2(n+18) + 2(n+19) = 2020$，

$20 \times 2n + 0 + 2 + 4 + \cdots + 36 + 38 = 2020$，

$40n + (0+38) \times 20 \div 2 = 2020$，

$40n + 38 \times 10 = 2020$，

$40n + 380 = 2020$，

$40n = 1640$，

$n = 41$，

$2(n+19) = 2 \times (41+19) = 120$。

（3）设等差数列 $\{a_n\}$ 的前 n 项和为 S_n，若 $S_9 = 72$，$a_2 + a_4 +$

67 ▶

a_9等于多少?

分析：根据$S_n = na_1 + \dfrac{n(n-1)d}{2}$，得$9a_1 + 36d = 72$，即$a_1 +$
$4d = 8$。所以$a_2 + a_4 + a_9 = a_1 + d + a_1 + 3d + a_1 + 8d = 3a_1 + 12d = 3 \times$
$(a_1 + 4d) = 24$。

解：$S_9 = 9a_1 + \dfrac{9(9-1)d}{2} = 72$，

所以$9(a_1 + 4d) = 72$，

即$a_1 + 4d = 8$。

所以$a_2 + a_4 + a_9 = a_1 + d + a_1 + 3d + a_1 + 8d$

$$= 3a_1 + 12d$$
$$= 3(a_1 + 4d)$$
$$= 24。$$

课外练习与答案

1. 基础练习题

（1）已知等差数列$\{a_n\}$中，$a_1 = 1$，$d = -2$，a_4等于多少?

（2）等差数列中，首项为1，末项为39，公差为2，这个等差数列共有多少项?

（3）等差数列1，4，7，10，…的第30项是多少?

（4）有12个同学聚会，如果见面时每个人都和其余人握手1次，那么一共握手多少次?

（5）在1～100这100个自然数中，能被3整除的数的和是多少?

（6）已知数列1，4，7，10，…，其中后一项比前一项大3。求这个数列的通项公式。

（7）等差数列 $\{a_n\}$ 中，$S_{10}=120$，求 a_1+a_{10}。

（8）等差数列 $\{a_n\}$ 中，公差 $d=0.5$，$a_2+a_4+\cdots+a_{100}=80$，求 S_{100}。

（9）等差数列 $\{a_n\}$ 中，$a_2+a_5+a_9+a_{12}=60$，求 S_{13}。

2. 提高练习题

（1）求等差数列 11，16，21，26，$\cdots$，1001 的项数。

（2）一个等差数列前 3 项的和是 34，后 3 项的和是 146，所有项的和是 390。这个等差数列一共有多少项？

（3）等差数列 $\{a_n\}$ 中，$a_4=0.8$，$a_{11}=2.2$，$a_{51}+a_{52}+a_{53}+\cdots+a_{80}$ 等于多少？

（4）等差数列 $\{a_n\}$ 中，$a_3=50$，$a_5=30$，求 a_7。

（5）如果等差数列 $\{a_n\}$ 中，$a_3+a_4+a_5=12$，那么 $a_1+a_2+\cdots+a_7$ 等于多少？

（6）求二阶等差数列 1，5，13，25，41，$\cdots$ 的通项公式。

（7）等差数列 $\{a_n\}$ 前 n 项的和为 S_n，如果 $a_6=S_3=12$，求通项 a_n。

（8）数列：1，2，8，（   ），1024 中，括号内的数应该是多少？

3. 经典练习题

（1）等差数列 2，6，10，14，$\cdots$ 的第 100 项是多少呢？

（2）第一届夏季奥运会于 1896 年在希腊雅典举行，此后每 4 年举行一次，不管奥运会举办与否，届次照算。2008 年北京奥运会是第几届夏季奥运会？若无特殊情况，2050 年会举行夏季奥运会吗？

（3）已知等差数列 2，7，12，…，122，这个等差数列一共有多少项？

（4）被 4 除余 1 的两位数一共有多少个？

（5）小玲从 1 月 1 日开始写大字，第一天写了 4 个，以后每天比前一天多写相同数量的大字，结果 1 月一共写了 589 个大字。小玲每天比前一天多写多少个大字？

（6）已知 $\{a_n\}$ 是等差数列，$a_7 + a_{13} = 20$，求 $a_9 + a_{10} + a_{11}$ 的值。

（7）等差数列 $\{a_n\}$ 中，$a_3 + a_5 = 24$，$a_2 = 3$，求 a_6。

（8）等差数列 $\{a_n\}$ 中，a_2 与 a_6 的等差中项为 5，a_3 与 a_7 的等差中项为 7，求 a_n。

答案

1. 基础练习题

（1）$a_4 = -5$。

（2）这个等差数列共有 20 项。

（3）第 30 项是 88。

（4）一共握手 66 次。

（5）能被 3 整除的数的和是 1683。

（6）这个数列的通项公式是 $a_n = 3n - 2$。

（7）$a_1 + a_{10} = 24$。

（8）$S_{100} = 135$。

（9）$S_{13} = 195$。

2. 提高练习题

（1）这个等差数列共有 199 项。

（2）这个等差数列一共有 13 项。

（3）393。

（4）$a_7 = 10$。

（5）$a_1 + a_2 + \cdots + a_7 = 28$。

（6）通项公式 $a_n = 2n^2 - 2n + 1$。

（7）$a_n = 2n$。

（8）括号内的数应该是 64。

3. 经典练习题

（1）第 100 项是 398。

（2）2008 年北京奥运会是第 29 届夏季奥运会。若无特殊情况，2050 年不会举行夏季奥运会。

（3）这个等差数列一共有 25 项。

（4）被 4 除余 1 的两位数一共有 22 个。

（5）小玲每天比前一天多写 1 个大字。

（6）$a_9 + a_{10} + a_{11} = 30$。

（7）$a_6 = 21$。

（8）$a_n = 2n - 3$。

◆ 王老头子的汤圆堆

一

　　早年碰见一位幼时的邻居，我们谈了好多童年趣事，都是关于记忆中的故乡。最后不知为何，话头却转到死亡上去了，他很郑重地说："王老头子，卖汤圆的，已死去两年了。"

　　一个须发全白，精神饱满，笑容可掬的老头子的形象，顿时从心底浮到了心尖。他叫什么名字，我不知道，因为一直听别人叫他王老头子，没有人提起过他的名字。

　　从我自己会走到他的店里吃汤圆的时候起，他的头上就已顶着银发，嘴边堆着雪白的胡须，是一个十足的老头子。祖父曾经告诉我，王老头子在我们的那条街上开汤圆店已有二三十年了。

　　祖父和许多人都常说，王老头子很古怪，每天只卖一盘子汤圆，卖完就收店，喝苞谷烧①，照例四两。

　　王老头子当天卖的汤圆，便是昨天夜里做的。记得，当我起得很早的时候，要是走到他的店门口，就可以看见他在生火。他的桌上有一只盘子，盘子里堆着雪白、细软的汤圆，有

①一种白酒。

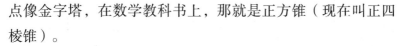

图解几何

点像金字塔，在数学教科书上，那就是正方锥（现在叫正四棱锥）。

王老头子每天都做尖尖的一盘汤圆。他这一生做过多少汤圆呢？我想替他算一算。

然而我不能计算，因为我不曾留意过那一盘汤圆从顶到底共有多少层。我现在只来说一说，假如知道了它的层数，这总数怎么计算，可作为对王老头子的纪念。

二

这类题目的算法，在西方数学中叫作积弹（Piles of Shot）和拟形数（Figurate numbers），又叫拟形级数（Figurate series）。

中国叫垛积，旧数学中和它类似的算法，属于"少广"一类。最早见于朱世杰的《四元玉鉴》中茭草形段，如像招数和果垛叠藏各题，后来郭守敬、董祐诚、李善兰的著作中，把它讲得更详细。

积弹的计算法，已有一定的公式，因为堆积的方法不同，分为四类：图3-1①是各层成正方形的；图3-2①是各层成正三角形的；图3-3①是各层成矩形的；图3-4①是各层都成矩形，但与图3-3①又有所不同。前三种到顶上都是尖的。而第四种顶上是平的。用数学上的名字来说，图3-1①是正方锥；图3-2①是正三角锥；图3-3①侧面是等腰三角形，正面是等腰梯形；图3-4①侧面和正面都是等腰梯形。在平面上可分别画成图3-1②，图3-2②，图3-3②，图3-4②。

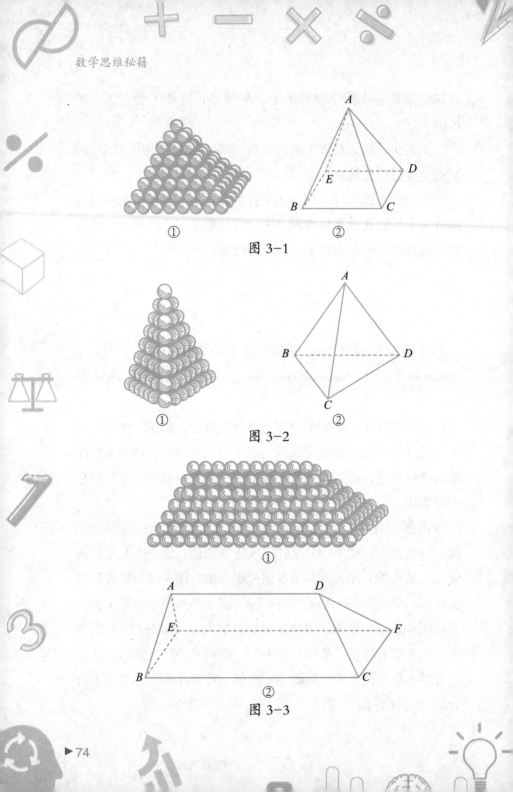

① ②

图 3-1

① ②

图 3-2

①

②

图 3-3

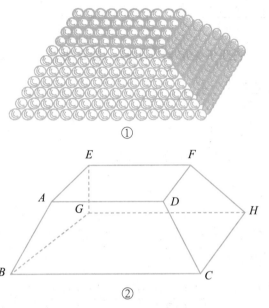

①

②

图 3-4

所谓垛积，一般是知道了层数，计算总数，在这里且先将各公式写出来。

第一，如图 3-1 ①，设 n 表示层数，也就是王老头子的汤圆底层每边的个数，则汤圆的总数是：

$$S_n = \frac{n(n+1)(2n+1)}{1 \times 2 \times 3}。$$

所以，如果是王老头子的那盘汤圆有十层，那就是 n 等于 10，因此，

$$S_{10} = \frac{10 \times 11 \times 21}{1 \times 2 \times 3} = 385。$$

第二，如果王老头子的汤圆是按照图 3-2 ① 的形式堆放的，那么：

$$S_n = \frac{n(n+1)(n+2)}{1 \times 2 \times 3}。$$

所以，他如果是也只堆十层，总数便是：

$$S_{10} = \frac{10 \times 11 \times 12}{1 \times 2 \times 3} = 220。$$

第三，如图3-3，这一种不仅与层数有关系，而且与第一层的个数也有关系，设第一层有 p 个，则

$$S_n = \frac{n(n+1)(3p+2n-2)}{1 \times 2 \times 3}。$$

举个例子，如果第一层有五个，总共有十层，就是 p 等于5，n 等于10，则

$$S_{10} = \frac{10 \times 11 \times (3 \times 5 + 2 \times 10 - 2)}{1 \times 2 \times 3} = \frac{10 \times 11 \times 33}{1 \times 2 \times 3} = 605。$$

第四，如图3-4，这种和第一层的个数也有关系，而第一层既然也是矩形，它的个数就和这矩形的长、宽两边的个数有关。设第一层长边有 a 个，宽边有 b 个，则

$$S_n = \frac{n}{1 \times 2 \times 3} \times [6ab + 3(a+b)(n-1) + (n-1)(2n-1)]。$$

举个例子，如果第一层的长边有五个，宽边有三个，总共有十层，就是 a 等于5，b 等于3，n 等于10，则

$$S_{10} = \frac{10}{1 \times 2 \times 3} \times [6 \times 5 \times 3 + 3 \times 8 \times 9 + 9 \times 19] = 795。$$

不用说，已经有公式，只要照它计算出一个总数，是很容易的。不过，我们的问题是这公式是怎样得来的？要证明这公式，有三种方法。

三

首先我们说说数学归纳法的证明。什么叫数学归纳法，在堆罗汉中已经说过，这里要证明的第一个公式，也是那篇里已证明过的。所谓数学归纳法，总共含有三个步骤：

（1）就几个特殊的数，发现一个共同的式子。

（2）假定这式子对于 n 是对的，而得到一个公式。

（3）设 n 变成了 $n+1$，看这式子的形式是否改变。如果没有改变，那么，这式子就成立了。

因为由（2）和（3）已经知道这式子关于 n 是对的，关于 $n+1$ 也是对的。而由（1）已知它关于几个特殊的数是对的，其实有一个就够了。

不过（1）只由一个特殊的数要发现较普遍的公式的形式比较困难，设如果关于2是对的，那么关于2加1也是对的。2加1是3，关于3是对的，自然关于3加1等于4也是对的。这样一步一步地推导，关于4加1等于5，5加1等于6，6加1等于7……就都对了。

以下就用这方法来证明上面的公式：

（1）$S_n = \dfrac{n(n+1)(2n+1)}{1 \times 2 \times 3}$

王老头子汤圆的堆法，各层都是正方形，第一层是一个，第二层一边是二个，第三层一边是三个，第四层一边是四个……这样到第 n 层，一边便是 n 个。

而正方形的面积，等于一边的长的平方。所以如果就各层

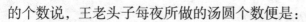

的个数说，王老头子每夜所做的汤圆个数便是：

$$S_n = 1^2 + 2^2 + 3^2 + 4^2 + \cdots + n^2。$$

第一步我们容易知道：

$$1^2 = \frac{1 \times (1+1) \times (2 \times 1 + 1)}{1 \times 2 \times 3} = 1,$$

$$1^2 + 2^2 = \frac{2 \times (2+1) \times (2 \times 2 + 1)}{1 \times 2 \times 3} = 5,$$

$$1^2 + 2^2 + 3^2 = \frac{3 \times (3+1) \times (2 \times 3 + 1)}{1 \times 2 \times 3} = 14,$$

$$1^2 + 2^2 + 3^2 + 4^2 = \frac{4 \times (4+1) \times (2 \times 4 + 1)}{1 \times 2 \times 3} = 30。$$

第二步，我们就假定这式子关于 n 是对的，而得公式：

$$S_n = \frac{n(n+1)(2n+1)}{1 \times 2 \times 3}。$$

这就到了第三步，这假定的公式对于 $n+1$ 也对吗？我们在这假定的公式中，两边都加上 $(n+1)^2$，这便是 S_{n+1}，所以

$$S_{n+1} = S_n + (n+1)^2$$

$$= \frac{n(n+1)(2n+1)}{1 \times 2 \times 3} + (n+1)^2$$

$$= \frac{n(n+1)(2n+1) + 6(n+1)^2}{1 \times 2 \times 3}$$

$$= \frac{(n+1)[n(2n+1) + 6(n+1)]}{1 \times 2 \times 3}$$

$$= \frac{(n+1)[2n^2 + 7n + 6]}{1 \times 2 \times 3}$$

$$= \frac{(n+1)(n+2)(2n+3)}{1 \times 2 \times 3}$$

$$= \frac{(n+1)[(n+1)+1][2(n+1)+1]}{1 \times 2 \times 3}。$$

这最后的形式和我们所假定的公式完全一样，所以我们的假定是对的。

（2）$S_n = \frac{n(n+1)(n+2)}{1 \times 2 \times 3}$

这公式是用于正三角锥形的，所谓正三角锥形，第一层是一个，第二层是一个加二个，第三层是一个加二个加三个，第四层是一个加二个加三个加四个……这样推下去到第 n 层便是：

$1+2+3+4+\cdots+n$。

而总和便是：

$S_n = 1 + (1+2) + (1+2+3) + (1+2+3+4) + \cdots + (1+2+3+4+\cdots+n)$。

第一步，我们找出，

$$1 = \frac{1 \times (1+1) \times (1+2)}{1 \times 2 \times 3} = 1,$$

$$1 + (1+2) = \frac{2 \times (2+1) \times (2+2)}{1 \times 2 \times 3} = 4,$$

$$1 + (1+2) + (1+2+3) = \frac{3 \times (3+1) \times (3+2)}{1 \times 2 \times 3} = 10,$$

$$1 + (1+2) + (1+2+3) + (1+2+3+4) = \frac{4 \times (4+1) \times (4+2)}{1 \times 2 \times 3} = 20。$$

第二步，我们就假定这式子关于 n 是对的，而得公式：

$$S_n = \frac{n(n+1)(n+2)}{1\times2\times3}。$$

跟着到第三步，证明这假定的公式对于 $n+1$ 也是对的，就是在假定的公式中两边都加上 $1+2+3+4+\cdots+n+(n+1)$。

$$S_{n+1} = S_n + [1+2+3+4+\cdots\cdots+n+(n+1)]$$

$$= \frac{n(n+1)(n+2)}{1\times2\times3} + [1+2+3+4+\cdots\cdots+n+(n+1)]$$

$$= \frac{n(n+1)(n+2)}{1\times2\times3} + \frac{(n+1)[(n+1)+1]}{2}$$

$$= \frac{n(n+1)(n+2)}{1\times2\times3} + \frac{(n+1)(n+2)}{2}$$

$$= \frac{n(n+1)(n+2)+3(n+1)(n+2)}{1\times2\times3}$$

$$= \frac{(n+1)(n+2)(n+3)}{1\times2\times3}$$

$$= \frac{(n+1)[(n+1)+1][(n+1)+2]}{1\times2\times3}$$

这最后的形式，不是和我们所假定的公式的形式一样吗？可见我们的假定是对的。

（3）$S_n = \dfrac{n(n+1)(3p+2n-2)}{1\times2\times3}$

第一步和证明前两个公式没有什么两样，我们不妨省事一点，将它略去，只来证明这公式对于 $n+1$ 也是对的。这种堆法，第一层是 p 个，第二层是两个（$p+1$），第三层是三个

（$p+2$）……照样推下去，第 n 层是 n 个 $[p+(n-1)]$ 个。所以

$S_n=p+2(p+1)+3(p+2)+\cdots+n[p+(n-1)]$。

而 $S_{n+1}=p+2(p+1)+3(p+2)+\cdots+(n+1)(p+n)$，

假定上面的公式关于 n 是对的，则

$$S_{n+1}=S_n+(n+1)(p+n)$$

$$=\frac{n(n+1)(3p+2n-2)}{1\times2\times3}+(n+1)(p+n)$$

$$=\frac{n(n+1)(3p+2n-2)+6(n+1)(p+n)}{1\times2\times3}$$

$$=\frac{(n+1)[n(3p+2n-2)+6(p+n)]}{1\times2\times3}$$

$$=\frac{(n+1)[3np+6p+2n^2+4n)]}{1\times2\times3}$$

$$=\frac{(n+1)[3p(n+2)+2n(n+2)]}{1\times2\times3}$$

$$=\frac{(n+1)(n+2)(3p+2n)}{1\times2\times3}$$

$$=\frac{(n+1)[(n+1)+1][3p+2(n+1)-2]}{1\times2\times3}。$$

不用说，这最后的形式，和我们假定的公式完全一样，我们所假定的公式便是对的。

（4）$S_n=\dfrac{n}{1\times2\times3}\times[6ab+3(a+b)(n-1)+(n-1)(2n-1)]$

我们也来假定它关于 n 是对的，而证明它关于 $n+1$ 也是对的。这种堆法，第一层是 ab 个，第二层是 $(a+1)(b+1)$

个，第三层是$(a+2)(b+2)$个……照样推下去，第n层便是$[a+(n-1)][(b+(n-1)]$个，所以

$$S_n=ab+(a+1)(b+1)+(a+2)(b+2)+\cdots+[a+(n-1)]\cdot[(b+(n-1)]。$$

而$S_{n+1}=ab+(a+1)(b+1)+(a+2)(b+2)+\cdots+[a+(n-1)][(b+(n-1)]+(a+n)(b+n)$。

假定上面的公式对于n是对的，则

$$S_{n+1}=S_n+(a+n)(b+n)$$

$$=\frac{n}{1\times2\times3}\times[6ab+3(a+b)(n-1)+(n-1)(2n-1)]+(a+n)(b+n)$$

$$=\frac{n[6ab+3(a+b)(n-1)+(n-1)(2n-1)]+6(a+n)(b+n)}{1\times2\times3}$$

$$=\frac{(n6ab+6ab)+[3n(a+b)(n-1)+6(a+b)n]+[n(n-1)(2n-1)+6n^2]}{1\times2\times3}$$

$$=\frac{(n+1)6ab+(a+b)(3n^2+3n)+n(2n^2+3n+1)}{1\times2\times3}$$

$$=\frac{(n+1)6ab+(n+1)3(a+b)n+(n+1)n(2n+1)}{1\times2\times3}$$

$$=\frac{(n+1)}{1\times2\times3}[6ab+3(a+b)n+n(2n+1)]$$

$$=\frac{n+1}{1\times2\times3}\{6ab+3(a+b)[(n+1)-1]+[(n+1)-1][2(n+1)-1]\}$$

在形式上，这最后的结果和我们所假定的公式也没有什么分别，可知我们的假定一点不差。

四

用数学归纳法，四个公式都证明了，按理说我们可以心满意足了。但是，仔细一想，这种证明法固然巧妙，却有一个较大的困难在里面。

这困难并不在从 S_n 证 S_{n+1} 这第二、第三两步，而在第一步发现我们所要假定的 S_n 的公式的形式。假如别人不曾将这公式提出来，你要从一项、两项、三项、四项等中，去老老实实地相加而发现一般的形式，真是不容易。

因此，我们再说另外一种寻找这几个公式的方法，那就是分项加合法，这是一种知道了一个数列的一般项，而求这数列的 n 项的和的一般的方法。

什么叫数列、等差数列和等比数列？一串数，依次两个两个地有相同的一定的关系存在，这串数就叫数列。比如等差数列每两项的差是相同的、一定的；等比数列每两项的比是相同的、一定的。

什么叫数列的一般项？换句话说，就是一个数列的第 n 项。如果等差数列的第一项为 a，公差为 d，则一般项为 $a+(n-1)d$；如果等比数列的第一项为 a，公比为 r，则一般项为 ar^{n-1}。

回到上面讲的垛积法上去，每种都是一个数列，它们的一般项便是：①n^2；②$\dfrac{n(n+1)}{2}$ 或 $\dfrac{1}{2}(n^2+n)$；③$n[p+(n-1)]$ 或 $np+n^2-n$；④$[a+(n-1)][b+(n-1)]$ 或 $ab+(a+b)\cdot(n-1)+(n-1)^2$。

四个一般项除了①以外，都可认为是两项以上合成的。在一般项中设 n 为 1，就得第 1 项；设 n 为 2，就得第 2 项；设 n 为 3，就得第 3 项……设 n 为几，就得第几项。所以对于一个数列，如果能够知道它的一般项，我们要求什么项都可以算出来。

为了书写方便，我们来使用一个记号，例如 $S_n = 1 + 2 + 3 + 4 + \cdots + n$ 我们就写成 $\sum n$，读作 Sigma n。$\sum$ 是一个希腊字母，相当于英文的 S。S 是英文 Sum（和）的第一个字母，所以用 $\sum$ 表示"和"的意思。而 $\sum n$ 便表示从 1 起，顺着加 2，加 3，加 4，…一直加到 n 的和。同样地，

$$\sum n(n+1) = 1 \times 2 + 2 \times 3 + 3 \times 4 + 4 \times 5 + \cdots + n(n+1),$$
$$\sum n^2 = 1^2 + 2^2 + 3^2 + 4^2 + \cdots + n^2。$$

记好这个符号的用法和上面所说过的各种一般项，就可得出下面的四个式子：

（1）$S_n = \sum n^2 = 1^2 + 2^2 + 3^2 + 4^2 + \cdots + n^2$；

（2）$S_n = \sum \dfrac{n(n+1)}{2} = \sum \dfrac{1}{2}(n^2 + n) = \sum \dfrac{1}{2}n^2 + \sum \dfrac{1}{2}n$

$\qquad = \dfrac{1}{2}(1^2 + 2^2 + 3^2 + \cdots + n^2) + \dfrac{1}{2}(1 + 2 + 3 + 4 + \cdots + n)$；

（3）$S_n = \sum n[p + (n-1)] = \sum (np + n^2 - n) = \sum np + \sum n^2 - \sum n$

$\qquad = (p + 2p + 3p + \cdots + np) + (1^2 + 2^2 + 3^2 + \cdots + n^2) - (1 + 2 + 3 + \cdots + n)$；

（4）$S_n = \sum [a + (n-1)][b + (n-1)]$

$\qquad = \sum [ab + (a+b)(n-1) + (n-1)^2]$

$\qquad = nab + (a+b)[1 + 2 + \cdots + (n-1)] + [1^2 + 2^2 + 3^2 + \cdots + (n-1)^2]。$

这样一来，我们可以明白，只要将（1）求出，以下的三个就容易了。关于（1）的求法运用数学归纳法固然可以，即便不行，还可参照下面的方法计算。

我们知道：

$n^3 = n^3$，$(n-1)^3 = n^3 - 3n^2 + 3n - 1$，

所以 $n^3 - (n-1)^3 = 3n^2 - 3n + 1$。

同样地，$(n-1)^3 - (n-2)^3 = 3(n-1)^2 - 3(n-1) + 1$，

$(n-2)^3 - (n-3)^3 = 3(n-2)^2 - 3(n-2) + 1$，

……

$3^3 - 2^3 = 3 \times 3^2 - 3 \times 3 + 1$，

$2^3 - 1^3 = 3 \times 2^2 - 3 \times 2 + 1$，

$1^3 - 0^3 = 3 \times 1^2 - 3 \times 1 + 1$。

如果将这 n 个式子左边和左边相加，右边和右边相加，得

$n^3 = 3(1^2 + 2^2 + 3^2 + \cdots + n^2) - 3(1 + 2 + 3 + \cdots + n) + (1 + 1 + \cdots + 1)$。

因为 $1^2 + 2^2 + 3^2 + \cdots + n^2 = S_n$，

$1 + 2 + 3 + \cdots + n = \dfrac{n(n+1)}{2}$，

$1 + 1 + 1 + 1 \cdots + 1 = n$，

所以 $n^3 = 3S_n - \dfrac{3n(n+1)}{2} + n$。

所以 $3S_n = n^3 + \dfrac{3n(n+1)}{2} - n$

$= \dfrac{2n^3 + 3n(n+1) - 2n}{2}$

$$= \frac{n(2n^2+3n+3-2)}{2}$$

$$= \frac{n(2n^2+3n+1)}{2}$$

$$= \frac{n(n+1)(2n+1)}{2}。$$

所以 $S_n = \dfrac{n(n+1)(2n+1)}{6}$。

这个结果和前面求证过的一样，但是思路却比较清楚。利用它，（2）（3）（4）便容易得出来。

（2）$S_n = \sum \dfrac{1}{2}n^2 + \sum \dfrac{1}{2}n$

$$= \frac{1}{2}(1^2+2^2+3^2+\cdots+n^2)+\frac{1}{2}(1+2+3+\cdots+n)$$

$$= \frac{1}{2}\times\frac{n(n+1)(2n+1)}{1\times2\times3}+\frac{1}{2}\times\frac{n(n+1)}{2}$$

$$= \frac{1}{2}\times\frac{n(n+1)(2n+1)+3n(n+1)}{1\times2\times3}$$

$$= \frac{1}{2}\times\frac{n(n+1)(2n+1+3)}{1\times2\times3}$$

$$= \frac{1}{2}\times\frac{n(n+1)(2n+4)}{1\times2\times3}=\frac{n(n+1)(n+2)}{6}。$$

（3）$S_n = \sum np + \sum n^2 - \sum n$

$= (1+2+3+\cdots+n)p+(1^2+2^2+3^2+\cdots+n^2)-(1+2+3+\cdots+n)$

$$= \frac{n(n+1)p}{2} - \frac{n(n+1)}{2} + \frac{n(n+1)(2n+1)}{1\times2\times3}$$

$$= \frac{3n(n+1)(p-1)+n(n+1)(2n+1)}{1\times2\times3}$$

$$= \frac{n(n+1)(3p-3+2n+1)}{1\times2\times3}$$

$$= \frac{n(n+1)(3p+2n-2)}{6}。$$

(4) $S_n = nab + (a+b)[1+2+\cdots+(n-1)] + [1^2+2^2+3^2+\cdots+(n-1)^2]$

$$= nab + \frac{(n-1)n(a+b)}{2} + \frac{(n-1)n[2(n-1)+1]}{1\times2\times3}$$

$$= \frac{1}{1\times2\times3}[6nab+3(n-1)n(a+b)+(n-1)n(2n-1)]$$

$$= \frac{n}{6}[6ab+3(a+b)(n-1)+(n-1)(2n-1)]。$$

五

前面所述的这一种证明法，来得自然有根源，不像用数学归纳法那样突兀。但是，还不能使我们满意，不是吗？

每个式子的分母都是 $1\times2\times3$，就前面的证明看来，明明只应当是 2×3，为什么要写成 $1\times2\times3$ 呢？这一点，如果再用其他方法来寻求这些公式，那就可以恍然大悟了。

这一种方法可以叫作差数列法，所谓拟形级数，不过是差数列法的特别情形。

数学思维秘籍

　　什么叫差数列？等差数列就是差数列中最简单的一种，例如1，3，5，7，9，…，这是一个等差数列，因为

　　　　$3-1=5-3=7-5=9-7=\cdots=2$。

　　但是，王老头子汤圆的堆法，从第一层起，顺次是1，4，9，16，25，…，相邻两项的差是：

　　　　$4-1=3$，$9-4=5$，$16-9=7$，$25-16=9$，…。

　　这些差全不相等，所以不能算是等差数列，但是这些差3，5，7，9，…的每两项的差却都是2。

　　再如第二种三角锥的堆法，从第一层起，各层的个数依次是1，3，6，10，15，…，相邻两项的差是：

　　　　$3-1=2$，$6-3=3$，$10-6=4$，$15-10=5$，…。

　　这些差也全不相等，所以不是等差数列，不过它和前一种一样，这些差数依次两个的差是相等的，都是1。

　　我们来另找个例子，如1^3，2^3，3^3，4^3，5^3，6^3，…，这些数实际上是1，8，27，64，125，216，…，而后：

　　（1）

　　　　$8-1=7$，$27-8=19$，$64-27=37$，$125-64=61$，$216-125=91$，…

　　（2）

　　　　$19-7=12$，$37-19=18$，$61-37=24$，$91-61=30$，…

　　（3）

　　　　$18-12=6$，$24-18=6$，$30-24=6$，…

　　这是到第三次的差才相等的。

　　再来举一个例子，如2，20，90，272，650，1332，…

(1)

$20-2=18$，$90-20=70$，$272-90=182$，$650-272=378$，$1332-650=682$，…

(2)

$70-18=52$，$182-70=112$，$378-182=196$，$682-378=304$，…

(3)

$112-52=60$，$196-112=84$，$304-196=108$，…

(4)

$84-60=24$，$108-84=24$，…

这是到第四次的差才相等的。

像这些例子中的一串数形成的数列，依照上面的方法一次一次地减下去，终究有一次的差是相等的，这个数列就称为差数列，第一次的差相等的叫等差数列，第二次的差相等的叫二阶等差数列，第三次的差相等的叫三阶等差数列，第四次的差相等的叫四阶等差数列，…，第 r 次的差相等的叫 r 阶等差数列。

王老头子的一盘汤圆，各层的汤圆数就成一个二阶等差数列。

所谓拟形数就是差级数中的特殊的一种，它们相等的差是 1。这是一件很有趣味的东西。

法国数学家布莱士·帕斯卡（Blaise Pascal）在 1665 年发表的《算术三角形》（Traité du triangle arithmétique）中，就记述了这种级数的作法，他作了一个三角形。

仔细观察一下这个三角形，非常丰富而有趣。它对于从左上向右下的这条对角线是对称的，所以横着一行一行地看，和竖着一列一列地看，全是一样。

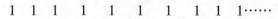

1	1	1	1	1	1	1	1	1……
1	2	3	4	5	6	7	8	9……
1	3	6	10	15	21	28	36……
1	4	10	20	35	56	84……
1	5	15	35	70	126……
1	6	21	65	126……
1	7	28	84……
1	8	36……
1	9……
1……

它的作法是：（1）横、竖各写相同的数 1；（2）将同列的上一数和同行的左一数相加，便得本数。即

1+1=2，1+2=3，1+3=4，…；

2+1=3，3+3=6，…；

3+1=4，6+4=10，…；

4+1=5，10+5=15，…；

5+1=6，15+6=21，…；

6+1=7，21+7=28，…；

7+1=8，28+8=36，…；

8+1=9，…。

由这个作法，我们很容易知道它所包含的意思。就列来说（自然行也一样），从左起，第一列是相等的差，第二列是等差数列，每两项的差都是1。第三列是二阶等差数列，因为第一次的差就是第一行的各数。第四行是三阶等差数列，因为第一次的差就是第三行的各数，而第二次的差就是第二行的各数。同样地，第五行是四阶等差数列，第六行是五阶等差数列……

关于这个性质，布莱士·帕斯卡有过不少的研究，他曾用这个算术三角形讨论组合，又用它发现了许多关于概率的有趣味的问题。

王老头子的一盘汤圆，各层正好成一个二阶等差数列。如果我们能够知道计算一般差数列的和的公式，岂不是占了大大的便宜了吗？

对，我们就来讲这个。让我们"偷学"布莱士·帕斯卡，来作一个一般差数列的三角形。

差，英文是 difference，就用 d 代替 difference。还可以更别致一些，用一个相当于 d 的希腊字母 Δ 来代替。设差数列的一串数为 u_1, u_2, u_3, …；第一次的差为 Δu_1, Δu_2, Δu_3, …；第二次的差为 $\Delta_2 u_1$, $\Delta_2 u_2$, $\Delta_2 u_3$, …；第三次的差为 $\Delta_3 u_1$, $\Delta_3 u_2$, $\Delta_3 u_3$, …。这样一来就得到图3-5所示的三角形。

$$u_1, \quad u_2, \quad u_3, \quad u_4, \quad u_5, \quad u_6\cdots\cdots$$
$$\Delta u_1, \quad \Delta u_2, \quad \Delta u_3, \quad \Delta u_4, \quad \Delta u_5\cdots\cdots$$
$$\Delta_2 u_1, \quad \Delta_2 u_2, \quad \Delta_2 u_3, \quad \Delta_2 u_4\cdots\cdots$$
$$\Delta_3 u_1, \quad \Delta_3 u_2, \quad \Delta_3 u_3\cdots\cdots$$
$$\cdots\cdots$$

图 3-5

这个三角形的构成，实际上说，非常简单，下一排的数，总是它上一排的左右两个数的差，即

$$\Delta u_1 = u_2 - u_1, \quad \Delta u_2 = u_3 - u_2, \quad \Delta u_3 = u_4 - u_3, \quad \cdots;$$

$$\Delta_2 u_1 = \Delta u_2 - \Delta u_1, \quad \Delta_2 u_2 = \Delta u_3 - \Delta u_2, \quad \Delta_2 u_3 = \Delta u_4 - \Delta u_3, \quad \cdots;$$

$$\Delta_3 u_1 = \Delta_2 u_2 - \Delta_2 u_1, \quad \Delta_3 u_2 = \Delta_2 u_3 - \Delta_2 u_2, \quad \Delta_3 u_3 = \Delta_2 u_4 - \Delta_2 u_3, \quad \cdots;$$

$$\cdots\cdots$$

加法可以说是减法的还原，因此由上面的关系，便可得出：

$$u_2 = u_1 + \Delta u_1 。 \qquad\qquad ①$$

$$\Delta u_2 = \Delta u_1 + \Delta_2 u_1, \quad u_3 = u_2 + \Delta u_2,$$

$$\therefore u_3 = (u_1 + \Delta u_1) + (\Delta u_1 + \Delta_2 u_1) = u_1 + 2\Delta u_1 + \Delta_2 u_1 。 \qquad ②$$

照样地，第二行当作第一行，第三行当作第二行，便可得：

$$\Delta u_3 = \Delta u_1 + 2\Delta_2 u_1 + \Delta_3 u_1 。$$

$$u_4 = u_3 + \Delta u_3 = (u_1 + 2\Delta u_1 + \Delta_2 u_1) + (\Delta u_1 + 2\Delta_2 u_1 + \Delta_3 u_1), \quad 即$$

$$u_4 = u_1 + 3\Delta u_1 + 3\Delta_2 u_1 + \Delta_3 u_1 。 \qquad\qquad ③$$

把①②③三个式子一比较，右边各项的系数分别是 1，1；1，2，1；1，3，3，1，这恰好相当于二项式 $(a+b) = a+b$，$(a+b)^2 = a^2 + 2ab + b^2$，$(a+b)^3 = a^3 + 3a^2 b + 3ab^2 + b^3$ 各展开式中各项的系数。

根据这个事实，依照数学归纳法的步骤，我们无妨走进第二步，假定推到一般，而得出：

$$u_{n+1} = u_1 + n\Delta u_1 + \frac{n(n-1)}{1 \times 2}\Delta_2 u_1 + \cdots + \frac{n(n-1)\cdots(n-r+1)}{1 \times 2 \times 3 \times \cdots \times r} \cdot$$
$$\Delta_r u_1 + \cdots + \Delta_n u_1$$

照前面的样子，把第（$n+1$）行看作第一行，第（$n+2$）行看作第二行，便可得出：

$$\Delta u_{n+1} = \Delta u_1 + n\Delta_2 u_1 + \frac{n(n-1)}{1 \times 2}\Delta_3 u_1 + \cdots + \frac{n(n-1)\cdots(n-r+2)}{1 \times 2 \times 3 \times \cdots \times (r-1)} \cdot$$
$$\Delta_r u_1 + \cdots + \Delta_{n+1} u_1$$

将这两个式子相加，很巧就得出：

$$u_{n+2} = u_{n+1} + \Delta u_{n+1} = u_1 + (n+1)\Delta u_1 + \left[\frac{n(n-1)}{1 \times 2} + n\right]\Delta_2 u_1 + \cdots +$$
$$\left[\frac{n(n-1)\cdots(n-r+1)}{1 \times 2 \times 3 \times \cdots \times r} + \frac{n(n-1)\cdots(n-r+2)}{1 \times 2 \times 3 \times \cdots \times (r-1)}\right]\Delta_r u_1 + \cdots + \Delta_{n+1} u_1 \circ$$

又 $\dfrac{n(n-1)}{1 \times 2} + n = \dfrac{n(n-1)+2n}{1 \times 2} = \dfrac{n^2+n}{1 \times 2} = \dfrac{(n+1)n}{1 \times 2}$

$$= \frac{(n+1)[(n+1)-1]}{1 \times 2},$$

$$\cdots\cdots$$

$$\frac{n(n-1)\cdots(n-r+1)}{1 \times 2 \times 3 \times \cdots \times r} + \frac{n(n-1)\cdots(n-r+2)}{1 \times 2 \times 3 \times \cdots \times (r-1)}$$

$$= \frac{n(n-1)\cdots(n-r+2)(n-r+1+r)}{1 \times 2 \times 3 \times \cdots \times r}$$

$$= \frac{(n+1)n(n-1)\cdots(n-r+2)}{1 \times 2 \times 3 \times \cdots \times r}$$

$$= \frac{(n+1)[(n+1)-1][(n+1)-2]\cdots[(n+1)-r+1]}{1 \times 2 \times 3 \times \cdots \times r}$$

$$\therefore u_{n+2}=u_1+(n+1)\Delta u_1+\frac{(n+1)[(n+1)-1]}{1\times2}\Delta_2 u_1+\cdots+$$

$$\frac{(n+1)[(n+1)-1][(n+1)-2]\cdots[(n+1)-r+1]}{1\times2\times3\times\cdots\times r}\Delta_r u_1+\cdots+\Delta_{n+1}u_1。$$

这不是已将数学归纳法的三步走完了吗？可见我们假定对于n的公式如果是对的，那么，它对于$n+1$也是对的。而事实上它对于1，2，3，4等都是对的，可见得它对于6，7，8，…也是对的，所以推到一般都是对的。

如果你还记得我们讲组合"棕榄谜"时所用的符号，那么就可将这公式写得更简明一点：

$$u_{n+1}=u_1+C_n^1\Delta u_1+C_n^2\Delta_2 u_1+C_n^3\Delta_3 u_1+\cdots+\Delta_n u_1$$

这个式子所表示的是什么呢？它就是用差数列的第一项和各次差的第一项，表示出这差数列的一般项。

假如王老头子的一盘汤圆总共堆了十层，因为这差数列的第一项u_1是1，第一次差的第一项Δu_1是3，第二次差的第一项$\Delta_2 u_1$是2，第三次以后的$\Delta_3 u_1$，$\Delta_4 u_1$都是0，所以第十层的汤圆的个数便是：

$$u_{10}=1+(10-1)\times3+\frac{(10-1)(10-2)}{1\times2}\times2=1+27+72=100。$$

毋庸置疑，王老头子的那盘汤圆的第十层，正是每边十个的正方形，总共恰好一百个。

我们在前面差数列三角形（图3-5）的顶上加一串数v_1，v_2，v_3，…，v_n，v_{n+1}不过就是胡乱写些数，它们每两项的差，就是u_1，u_2，u_3，…，u_n。这样一来，它们便是$(n-1)$阶差数列，而第一次的差为：

图解几何

$$v_2 - v_1 = u_1, \quad v_3 - v_2 = u_2, \quad v_4 - v_3 = u_3, \quad \cdots,$$

$$v_n - v_{n-1} = u_{n-1}, \quad v_{n+1} - v_n = u_n。$$

如果是我们将 v_{n+1} 点缀得富丽堂皇些，无妨将它写成下面的样子：

$$v_{n+1} = v_{n+1} - v_n + v_n - v_{n-1} + \cdots + v_2 - v_1 + v_1$$

$$= (v_{n+1} - v_n) + (v_n - v_{n-1}) + \cdots + (v_2 - v_1) + v_1。$$

假使编制这串数的时候，取巧一点，v_1 就用 0，那么，便得：

$$v_{n+1} = (v_{n+1} - v_n) + (v_n - v_{n-1}) + \cdots + (v_2 - v_1)$$

$$= u_n + u_{n-1} + \cdots + u_1。$$

所以如果用求一般项的公式来求 v_{n+1} 得出来的便是 $u_1 + u_2 + u_3 + \cdots + u_n$ 的和。但是就公式来说，这个差数列中，$u_1 = 0$，$\Delta u_1 = u_1$，$\Delta_2 u_1 = \Delta u_1$，$\Delta_{n+1} u = \Delta_n u_1$，

$$\therefore v_{n+1} = 0 + C_{n+1}^1 u_1 + C_{n+1}^2 \Delta u_1 + \cdots + \Delta_n u_1。$$

这个戏法总算没有变差，由此我们就知道：

$$S_n = u_1 + u_2 + \cdots + u_n = C_1^{n+1} u_1 + C_2^{n+1} \Delta u_1 + \cdots + \Delta_n u_1。$$

假如依照等差数列的样子，用 a 代表第一项，d 代表差，并且不用组合所用的符号 C_n^r，那么 n 阶差数列前 n 项的和便是：

$$S_n = na + \frac{n(n-1)}{1 \times 2} d_1 + \frac{n(n-1)(n-2)}{1 \times 2 \times 3} d_2 + \frac{n(n-1)(n-2)(n-3)}{1 \times 2 \times 3 \times 4} d_3 + \cdots \cdots$$

有了这公式，我们回头去解答王老头子的那一盘汤圆，它是一个二阶等差数列，对于这公式：

$$a = 1, \quad d_1 = 3, \quad d_2 = 2, \quad d_3 = d_4 = \cdots = 0。$$

$$\therefore S_n = n \times 1 + \frac{n(n-1)}{1 \times 2} \times 3 + \frac{n(n-1)(n-2)}{1 \times 2 \times 3} \times 2$$

$$= n + \frac{3n(n-1)}{1 \times 2} + \frac{2n(n-1)(n-2)}{1 \times 2 \times 3}$$

$$= n \times \left[1 + \frac{3(n-1)}{1 \times 2} + \frac{2(n-1)(n-2)}{1 \times 2 \times 3} \right]$$

$$= n \times \frac{6 + 9(n-1) + 2(n-1)(n-2)}{1 \times 2 \times 3}$$

$$= n \times \frac{2n^2 + 3n + 1}{1 \times 2 \times 3} = \frac{n(n+1)(2n+1)}{1 \times 2 \times 3}。$$

第二种三角锥的堆法，前面也已说过，仍是一个二阶等差数列，对于这公式，$a=1$，$d_1=2$，$d_2=1$，$d_3=d_4=\cdots=0$，

$$\therefore S_n = n \times 1 + \frac{n(n-1)}{1 \times 2} \times 2 + \frac{n(n-1)(n-2)}{1 \times 2 \times 3} \times 1$$

$$= n + \frac{2n(n-1)}{1 \times 2} + \frac{n(n-1)(n-2)}{1 \times 2 \times 3}$$

$$= n \times \left[1 + \frac{2(n-1)}{1 \times 2} + \frac{(n-1)(n-2)}{1 \times 2 \times 3} \right]$$

$$= n \times \frac{6 + 6(n-1) + (n-1)(n-2)}{1 \times 2 \times 3}$$

$$= n \times \frac{n^2 + 3n + 2}{1 \times 2 \times 3}$$

$$= \frac{n(n+1)(n+2)}{1 \times 2 \times 3}。$$

至于第三种堆法，它各层的个数及各次的差是：

p，$2(p+1)$，$3(p+2)$，$4(p+3)$……

$p+2$，$p+4$，$p+6$……

2，2……

也是一个二阶等差数列，$u_1 = p$，$d_1 = p+2$，$d_2 = 2$，$d_3 = d_4 = \cdots = 0$

$$\therefore S_n = np + \frac{n(n-1)}{1 \times 2} \times (p+2) + \frac{n(n-1)(n-2)}{1 \times 2 \times 3} \times 2$$

$$= n \times \left[p + \frac{(n-1)(p+2)}{1 \times 2} + \frac{2(n-1)(n-2)}{1 \times 2 \times 3} \right]$$

$$= n \times \frac{6p + 3(n-1)(p+2) + 2(n-1)(n-2)}{1 \times 2 \times 3}$$

$$= n \times \frac{2n^2 - 2 + 3np + 3p}{1 \times 2 \times 3}$$

$$= n \times \frac{(n+1)(2n-2) + (n+1)3p}{1 \times 2 \times 3}$$

$$= \frac{n(n+1)(3p+2n-2)}{1 \times 2 \times 3}。$$

最后，再把这个公式运用到第四种堆法，它的每层的个数以及各次的差是这样的：

ab，$(a+1)(b+1)$，$(a+2)(b+2)$，$(a+3)(b+3)$……

$(a+b)+1$，$(a+b)+3$，$(a+b)+5$……

2　　　　2　　　　……

所以也是一个二阶等差数列，就公式而言，$u_1=ab$，$\Delta u_1 = (a+b)+1$，$\Delta u_2 = 2$，$\Delta u_3 = \Delta u_4 = \cdots = 0$，

$$\therefore S_n = nab + \frac{n(n-1)}{1\times 2}[(a+b)+1] + \frac{n(n-1)(n-2)}{1\times 2\times 3}\times 2$$

$$= n \times \left\{ ab + \frac{(n-1)[(a+b)+1]}{1\times 2} + \frac{2(n-1)(n-2)}{1\times 2\times 3} \right\}$$

$$= n \times \frac{6ab+3(n-1)(a+b)+3(n-1)+2(n-1)(n-2)}{1\times 2\times 3}$$

$$= \frac{n}{1\times 2\times 3} \times [6ab+3(a+b)(n-1)+2n^2-3n+1]$$

$$= \frac{n}{1\times 2\times 3} \times [6ab+3(a+b)(n-1)+(n-1)(2n-1)]。$$

用差数列的一般求和的公式，将我们开头提出的四个公式都证明了。这种证明真可以算是无懈可击，就连最后分母中那事实上无关痛痒的 $1\times 2\times 3$ 中的 1，也给了它一个详细说明。

这种证明方法，不只有这一点点的好处，由上面的过程看来，我们所提出的四个公式，全都是差数列求和的公式的运用。因此只要我们彻底地理解它，这四个公式就不值一顾了。

六

上面我们只提到四种堆法，已经运用了许多法宝，才达到心安理得的地步。然而在朱老先生的著作《四元玉鉴》中，"茭草形段"只有七题，"如像招数"只有五题，"果垛叠藏"虽然多一些，也只有二十题，总共不过三十二题。

他所提出的堆垛法有些名词却很别致，现在列举在下面，至于各种求和的公式，那当然可以照葫芦画瓢地证明了。

（1）落一形，就是：三角锥形。

（2）刍甍垛，就是：前面第三种堆法。

（3）刍童垛，就是：矩形截锥台。

（4）撒星形，三角落一形，就是：1，$(1+3)$，$(1+3+6)$，$\cdots$，$\left[1+3+6+\cdots+\dfrac{n(n+1)}{2}\right]$；

$$S_n=\frac{1}{24}n(n+1)(n+2)(n+3)。$$

（5）四角落一形，就是：1^2，(1^2+2^2)，$(1^2+2^2+3^2)$，$\cdots$，$(1^2+2^2+\cdots+n^2)$；

$$S_n=\frac{1}{12}n(n+1)^2(n+2)。$$

（6）岚峰形，就是：1，$(1+5)$，$(1+5+12)$，$\cdots$，$\left[1+5+12+\cdots+\dfrac{n(3n-1)}{2}\right]$；

$$S_n=\frac{1}{24}n(n+1)(n+2)(3n+1)。$$

（7）三角岚峰形，岚峰更落一形，就是：1×1，$2\times(1+3)$，$3\times(1+3+6)$，$\cdots$，$n\left[1+3+6+\cdots+\dfrac{n(n+1)}{2}\right]$；

$$S_n=\frac{1}{120}n(n+1)(n+2)(n+3)(4n+1)。$$

（8）四角岚峰形，就是：1×1^2，$2\times(1^2+2^2)$，$3\times(1^2+2^2+3^2)$，$\cdots$，$n(1^2+2^2+3^2+\cdots+n^2)$；

$$S_n = \frac{1}{120}n(n+1)(n+2)(8n^2+11n+1)。$$

（9）撒星更落一形，就是：1，（1+4），（1+4+10），…，

$$\left[1+4+10+\cdots+\frac{n(n+1)(n+2)}{6}\right];$$

$$S_n = \frac{1}{120}n(n+1)(n+2)(n+3)(n+4)。$$

（10）三角撒星更落一形，就是：1，（1+5），（1+5+

15），…，$\left[1+5+15+\cdots+\dfrac{n(n+1)(n+2)(n+4)}{24}\right];$

$$S_n = \frac{1}{720}n(n+1)(n+2)(n+3)(n+4)(n+5)。$$

基本公式与例解

1. 基本概念

汤圆堆，就是将汤圆一层一层地堆起来。第一层是一个汤圆，第二层比第一层多，第二层比第三层多，而且每一层以一个固定的比例在增加，一层层地堆起来。如果我们知道它的层数，就可以计算它的总数了。

这种题型我们称为"垛积问题"，也就是高阶等差数列求和。

2. 基本公式

根据堆积的方法不同，分为四类。

（1）正四角锥：各层是正方形（如图3.1-1）。

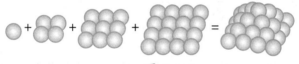

图 3.1-1

①设 n 表示层数，也就是底层每边的个数，则总数是：

$$S_n = \frac{n(n+1)(2n+1)}{1\times2\times3}。$$

例1：有一些汤圆堆成一个正四角锥，它的层数是6层，总数是多少？

解：$S_6 = \frac{6(6+1)(2\times6+1)}{1\times2\times3}$

$= 6\times7\times13\div6 = 91$。

答：总数是91。

②总数规律：三阶等差数列。

例2：有一些汤圆堆成一个正四角锥，它的层数与汤圆总数之间有什么规律？

解：一层时，总数是1个；二层时，总数是5个；

三层时，总数是14个；四层时，总数是30个；

五层时，总数是55个；六层时，总数是91个。

答：总数是关于层数的一个三阶等差数列。

三阶等差数列也就是比二阶等差数列多一层级数关系。比如例题中的各层汤圆的数量组成的数列：

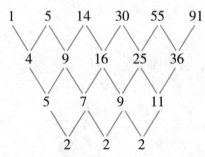

通过三次相减，得到一个非零常数列，那么原数列我们就称为"三阶等差数列"。

（2）正三角锥：各层是正三角形（如图3.1-2）。

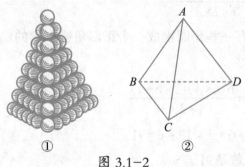

图 3.1-2

①设 n 表示层数，也就是底层每边的个数，则总数是：

$$S_n = \frac{n(n+1)(n+2)}{1 \times 2 \times 3}$$。

例3：有一些汤圆堆成一个正三角锥，它的层数是6层，总数是多少？

解：$S_6 = \frac{6(6+1)(6+2)}{1 \times 2 \times 3}$

$= 6 \times 7 \times 8 \div 6$

$= 56$。

答：总数是56。

②总数规律：三阶等差数列。

例4：有一些汤圆堆成一个正三角锥，它的层数与汤圆总数之间有什么规律？

解：一层时，总数是1个；二层时，总数是4个；

三层时，总数是10个；四层时，总数是20个；

五层时，总数是35个；六层时，总数是56个。

答：总数是关于层数的一个三阶等差数列。

比如例题中的各层汤圆的数量组成的数列：

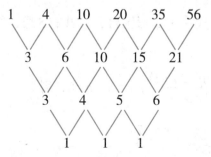

通过三次相减，得到一个非零常数列，那么原数列我们就

称为"三阶等差数列"。

（3）矩形锥台：各层是矩形（如图3.1-3）。

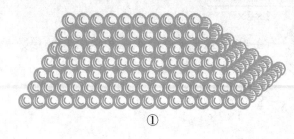

①

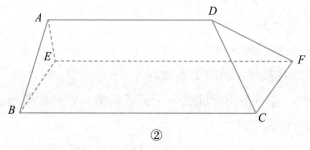

②

图 3.1-3

① 这种堆法不仅和层数有关，也和第一层的个数有关系。设 n 表示层数，第一层有 p 个，则：

$$S_n = \frac{n(n+1)(3p+2n-2)}{1 \times 2 \times 3}。$$

例5：有一些汤圆堆成一个矩形锥台，一共有5层，第一层有8个。总数是多少？

解：由 $S_n = \frac{n(n+1)(3p+2n-2)}{1 \times 2 \times 3}$，$n=5$，$p=8$，得

$$S_5 = \frac{5 \times (5+1)(3 \times 8 + 2 \times 5 - 2)}{1 \times 2 \times 3}$$

$$=5 \times 6 \times 32 \div 6$$
$$=160。$$

答：总数是160。

②总数规律：三阶等差数列。

我们将这些汤圆按照矩形锥台的方法堆砌，每增加一层，汤圆的数量组成的数列：

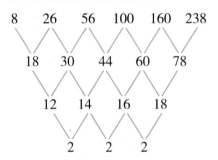

通过三次相减，得到一个非零常数列，那么原数列我们就称为"三阶等差数列"。

（4）矩形截锥台：这种堆法切掉了矩形锥台的头部，第一层也是矩形（如图3.1-4）。

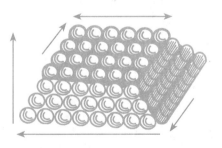

图 3.1-4

①第一层的个数就与这个矩形的长和宽有关。设第一层长边有 a 个，宽边有 b 个，则：

数学思维秘籍

$$S_n = \frac{n}{1 \times 2 \times 3} \times [6ab + 3(a+b)(n-1) + (n-1)(2n-1)]。$$

例6：有一些汤圆堆成一个矩形截锥台，第一层长边有5个，宽边有4个，一共有8层。总数是多少？

解：由 $S_n = \frac{n}{1 \times 2 \times 3} \times [6ab + 3(a+b)(n-1) + (n-1) \cdot$

$(2n-1)]$，$a=5$，$b=4$，$n=8$，得

$$S_8 = \frac{8}{6} \times [6 \times 5 \times 4 + 3 \times (5+4)(8-1) + (8-1)(2 \times 8 - 1)]$$

$$= \frac{8}{6} \times (120 + 189 + 105)$$

$$= \frac{8}{6} \times 414$$

$$= 552。$$

答：总数是552。

②总数规律：三阶等差数列。

我们将这些汤圆按照矩形锥台的方法堆砌，每增加一层，汤圆的数量组成的数列：

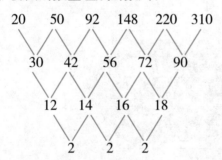

通过三次相减，得到一个非零常数列，那么原数列我们就称为"三阶等差数列"。

3. 高阶等差数列强化训练

（1）定义

对于一个给定的数列，把它的连续两项 a_{n+1} 与 a_n 的差 $a_{n+1}-a_n$ 记为 b_n，得到一个新数列，把数列 b_n 称为原数列的一阶差数列，如果 $c_n=b_{n+1}-b_n$，则数列 c_n 是 a_n 的二阶差数列，依次类推，可得出数列的 p 阶差数列，其中 $p \in N^*$。

如果某数列的 p 阶差数列是一非零常数列，则称此数列为 p 阶等差数列。

（2）高阶等差数列的性质：

① 如果数列是 p 阶等差数列，则它的一阶差数列是（$p-1$）阶等差数列。

② 数列是 p 阶等差数列的充要条件是：数列的通项是关于 n 的 p 次多项式。

③ 如果数列 $\{a_n\}$ 是 p 阶等差数列，则其前 n 项和 S_n 是关于 n 的（$p+1$）次多项式。

（3）求通项或前 n 项和的方法

① 逐差法：利用 $a_n=a_1+\sum\limits_{k=1}^{n-1}(a_{k+1}-a_k)$ 求解。

② 待定系数法：在已知阶数的等差数列中，其通项 a_n 与前 n 项和 S_n 是确定次数的多项式（关于 n 的），先设出多项式的系数，再代入已知条件解方程组即可。

③ 裂项相消法：a_n 能写成 $a_n=f(n+1)-f(n)$ 的形式。

④ 化归法：把高阶等差数列的问题转化为易求的同阶等差数列或低阶等差数列，达到简化的目的。

例1：一个数列的二阶差数列的各项均为16，且 $a_{63}=a_{89}=10$，求 a_{51}。

解：（方法一）显然数列 $\{a_n\}$ 的一阶差数列是公差为16的等差数列，设首项为 a，则 $b_n=a+(n-1)\times16$。

于是
$$a_n=a_1+\sum_{k=1}^{n-1}(a_{k+1}-a_k)$$
$$=a_1+\sum_{k=1}^{n-1}b_k$$
$$=a_1+\frac{a+[a+(n-2)\times16]}{2}\times(n-1)$$
$$=a_1+(n-1)a+8(n-1)(n-2)。$$

这是一个关于 n 的二次多项式，其中 n^2 的系数为8，

因为 $a_{63}=a_{89}=10$，所以 $a_n=8(n-63)(n-89)+10$。

所以 $a_{51}=8(51-63)(51-89)+10$
$$=8\times(-12)\times(-38)+10$$
$$=3658。$$

（方法二）由题意，数列 $\{a_n\}$ 是二阶等差数列，故其通项是关于 n 的二次多项式，又 $a_{63}=a_{89}=10$，故可设 $a_n=A(n-63)(n-89)+10$。因为二阶差数列的各项均为16，所以 $(a_3-a_2)-(a_2-a_1)=16$，即 $a_3-2a_2+a_1=16$。

所以 $A(3-63)(3-89)+10-2[A(2-63)(2-89)+10]+A(1-63)(1-89)+10=16$。

解得 $A=8$。

所以 $a_n=8(n-63)(n-89)+10$。

所以 $a_{51}=8(51-63)(51-89)+10$

$$= 8 \times (-12) \times (-38) + 10$$

$$= 3658。$$

例2：三阶等差数列 -1，-3，3，23，63，…，求该数列的通项公式。

解：设该数列为 $\{a_n\}$，则 $a_1 = -1$，$a_2 = -3$，$a_3 = 3$，$a_4 = 23$，$a_5 = 63$，…。

$\{a_n\}$ 的一阶差数列为 $\{b_n\}$，则有 $b_1 = -2$，$b_2 = 6$，$b_3 = 20$，$b_4 = 40$，…。

$\{a_n\}$ 的二阶差数列为 $\{c_n\}$，则有 $c_1 = 8$，$c_2 = 14$，$c_3 = 20$，…。

所以 $c_n = 8 + 6(n-1) = 6n + 2$。

所以 $b_n - b_{n-1} = 6(n-1) + 2$，

$b_{n-1} - b_{n-2} = 6(n-2) + 2$，

……

$b_2 - b_1 = 6 \times 1 + 2$。

所以 $b_n = 6[1 + 2 + \cdots + (n-1)] + 2(n-1) - 2$，

即 $b_n = 3n^2 - n - 4$。

所以 $a_n - a_{n-1} = 3(n-1)^2 - (n-1) - 4$，

$a_{n-1} - a_{n-2} = 3(n-2)^2 - (n-2) - 4$，

$a_2 - a_1 = 3 \times 1^2 - 0 - 4$。

所以 $a_n = 3[1^2 + 2^2 + \cdots + (n-1)^2] - [1 + 2 + \cdots + (n-1)] - 4(n-1) - 1$，即

$$a_n = n^3 - 2n^2 - 3n + 3。$$

应用习题与解析

1. 基础练习题

（1）妈妈买了 30 个苹果，小宝用正四角锥的形状把苹果堆了起来，堆到顶尖 1 个时正好用完所有苹果。小宝把苹果堆了几层？

考点： 正四角锥求和公式。

分析： 一共有 30 个苹果，那么 $S_n=30$，通过正四角锥的求和公式可以计算出苹果的层数。

解： 由 $S_n=\dfrac{n(n+1)(2n+1)}{1\times2\times3}$，$S_n=30$，得

$$30=n(n+1)(2n+1)\div6。$$

所以 $n=4$。

答： 小宝把苹果堆了 4 层。

（2）圣诞节到了，糖果店将一批新品巧克力堆成一个矩形锥台的形状。第一层由 10 个巧克力组成，一共堆了 9 层。这批巧克力一共有多少颗？

考点： 矩形锥台求和公式。

分析： 已知 $p=10$，$n=9$，通过矩形锥台的求和公式可以计算出巧克力的总数。

解： 由 $S_n=\dfrac{n(n+1)(3p+2n-2)}{1\times2\times3}$，$p=10$，$n=9$，得

$$S_9=\frac{9(9+1)(3\times10+2\times9-2)}{1\times2\times3}$$

$$=9\times10\times46\div6=690。$$

答：这批巧克力一共有690颗。

（3）一批巧克力很畅销，过一段时间后，店员将巧克力重新堆砌，变成了一个最上层为长有6颗、宽有4颗巧克力堆成的矩形截锥台，一共堆成了5层。这批巧克力还剩多少颗？

考点：矩形截锥台求和公式。

分析：已知 $a=6$，$b=4$，$n=5$，通过矩形截锥台的求和公式可以计算出剩下的巧克力总数。

解：由 $S_n = \dfrac{n}{1 \times 2 \times 3} \times [6ab + 3(a+b)(n-1) + (n-1) \cdot (2n-1)]$，$a=6$，$b=4$，$n=5$，得

$$S_6 = \frac{5}{6} \times [6 \times 6 \times 4 + 3 \times (6+4)(5-1) + (5-1)(2 \times 5-1)]$$

$$= \frac{5}{6} \times (144 + 120 + 36)$$

$$= \frac{5}{6} \times 300$$

$$= 250。$$

答：这批巧克力还剩250颗。

（4）将从1开始的连续奇数如图3.2-1排列，那么前50行每行最右侧的数的总和是多少呢？

$$1$$
$$3 \quad 5$$
$$7 \quad 9 \quad 11$$
$$13 \quad 15 \quad 17 \quad 19$$
$$21 \quad 23 \quad 25 \quad 27 \quad 29$$
$$\cdots\cdots$$

图 3.2-1

考点：高阶等差数列求和。

分析：这50个数构成一个数列：1，5，11，19，29，…，相邻两项的差为4，6，8，10，…，这个差的通项为$b_n=2+2n$，$a_n=1+b_1+b_2+b_3+\cdots+b_{n-1}=n^2+n-1$。

解：设$b_1=5-1=4$，

$b_2=11-5=6$，

$b_3=19-11=8$，

$b_4=29-19=10$，

……

$b_n=2+2n$。

所以$a_n=1+b_1+b_2+b_3+\cdots+b_{n-1}$

$=1+4+6+\cdots+[2+2（n-1）]$

$=n^2+n-1$。

$S_{50}=a_1+a_2+a_3+\cdots+a_{50}$

$=(1^2+1-1)+(2^2+2-1)+(3^2+3-1)+\cdots+(50^2+50-1)$

$=（1^2+2^2+3^2+\cdots+50^2）+（1+2+3+\cdots+50）-50$

$=42\,925+1275-50$

$=44\,150$。

2. 巩固提高题

（1）糖果店准备了一种金字塔（正四角锥）形的包装盒，底层能放9颗球形的巧克力，这种包装盒能包多少颗巧克力？每颗巧克力的售价是2.5元，包装好的巧克力，每盒售价为39元。简单分析包装好的定价（包装盒费用不计）。

考点：正四角锥求和公式。

分析：底层9颗巧克力，可以算出每边可以放3颗巧克力，也就是可以放 3 层，通过求和公式可以算出一共可以包多少颗球形的巧克力。已知每颗巧克力的售价是 2.5 元，可以计算出零售这些巧克力是多少钱，从而计算定价 39 元是赔了还是赚了。

解：因为 $\sqrt{9}=3$，再结合 $S_n=\dfrac{n(n+1)(2n+1)}{1\times2\times3}$，得

$S_3=3（3+1）（2\times3+1）\div6$

$\quad=3\times4\times7\div6$

$\quad=14$。

所以 $2.5\times14=35$（元）。

因为 $39-35=4$（元），所以包装好的定价比买不带包装的 14 颗巧克力要贵 4 元。

答：这种包装盒能包 14 颗巧克力。买包装好的一盒巧克力比买不带包装的 14 颗巧克力要贵 4 元。（第二问答案不唯一，合理即可）

（2）按顺序堆放一些彩色装饰小球形成一个正三角锥，每边摆放 10 个小球。

①这个正三角锥里共有多少个小球？

②如果想再增加一层，需要增加多少个小球？

考点：正三角锥求和公式。

分析：正三角锥的每边的个数等于它的层数，所以设 $n=10$。通过正三角锥求和公式可以计算出总数。增加一层就是 $10+1=11$ 层，可以有两种解决办法，一是计算出 11 层的总数再减去 10 层的总数；二是利用堆罗汉计算方式计算，11 层也就是底边每一边都是 11 个。

解：① 由 $S_n = \dfrac{n(n+1)(n+2)}{1 \times 2 \times 3}$，$n = 10$，得

$S_{10} = 10 \times (10+1) \times (10+2) \div 6$

$\qquad = 10 \times 11 \times 12 \div 6$

$\qquad = 220$。

② （方法一）由 $S_n = \dfrac{n(n+1)(n+2)}{1 \times 2 \times 3}$，$n = 10 + 1 = 11$，得

$S_{11} = 11 \times (11+1) \times (11+2) \div 6$

$\qquad = 11 \times 12 \times 13 \div 6$

$\qquad = 286$。

$286 - 220 = 66$（个）。

（方法二）由 $S_n = \dfrac{n(n+1)}{2}$，$n = 11$，得

$S_{11} = 11 \times (11+1) \div 2$

$\qquad = 66$。

答：这个正三角锥里共有 220 个小球。如果想再增加一层，需要增加 66 个小球。

（3）有一个二阶等差数列 3，6，10，15，21，…，第 n 个数是多少呢？

考点：高阶等差数列。

分析：由所给数列得出：每相邻的两个数从左到右依次增加 3，4，5，6，…，由此推出第 n 个数是 $3+3+4+5+6+\cdots+(n+1) = \dfrac{1}{2}(n+4)(n-1)+3$。

解：设 $a_1 = 3$，$a_2 = 6$，$a_3 = 10$，$a_4 = 15$，$a_5 = 21$，则

$6 - 3 = 3$，

$10 - 6 = 4$，

$15-10=5$,

$21-15=6$。

公差$d=1$,

从而可知在公式$a_n=a_1+(n-1)k+\dfrac{(n-2)(n-1)d}{2}$中,

$a_1=3$, $k=3$, $d=1$,

所以$a_n=3+(n-1)\times3+(n-2)(n-1)\times\dfrac{1}{2}$

$\qquad=3+3n-3+(n^2-3n+2)\times\dfrac{1}{2}$

$\qquad=\dfrac{(n+1)(n+2)}{2}$。

（4）糖果店将一些球形巧克力堆成了一个10层的正四角锥形和一个10层的正三角锥形，如果要将两堆合并成一个依旧是10层的矩形锥台巧克力，且巧克力刚好够用，那么堆成的矩形锥台最上层有多少颗巧克力？

考点：正四角锥、正三角锥、矩形锥台求和公式。

分析：根据已知条件可以求出正四角锥、正三角锥的巧克力总数。要堆成一个10层的矩形锥台，求最上层的巧克力数，也就是S_n=正四角锥与正三角锥的巧克力总数，$n=10$，求p。

解：10层正四角锥的巧克力总数：

$S_{10}=10(10+1)(2\times10+1)\div6$

$\qquad=10\times11\times21\div6$

$\qquad=385$。

10层正三角锥的巧克力总数：

$S_{10}=10\times(10+1)\times(10+2)\div6$

$\qquad=10\times11\times12\div6=220$。

$$385+220=605（颗），$$

再结合 $S_n=\dfrac{n(n+1)(3p+2n-2)}{1\times2\times3}$，得

$$605=\dfrac{10\times(10+1)(3p+2\times10-2)}{1\times2\times3}$$

$$=110\times(3p+18)\div6$$

$$=55\times(3p+18)\div3$$

$$=55\times(p+6)，$$

即 $11=p+6$。

所以 $p=5$。

答：这个矩形锥台的最上层有5颗巧克力。

（5）有一张边长为 1 m 的正方形纸，若将这张纸剪成边长分别为 1 cm，3 cm，…，$(2n-1)$ cm 的正方形各一个，则这张纸恰好被用完，可能吗？

考点：高阶等差数列。

分析：将边长 1 m 换算成 100 cm，将问题转化，变成是否存在正整数 n，使得 $1^2+3^2+\cdots+(2n-1)^2=100^2$。

解：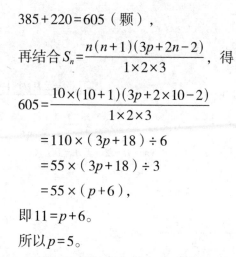

$1^2+3^2+\cdots+(2n-1)^2$

$=[1^2+2^2+\cdots+(2n-1)^2]-[2^2+4^2+\cdots+(2n-2)^2]$

$=\dfrac{(2n-1)[(2n-1)+1][2(2n-1)+1]}{6}-4[1^2+2^2+\cdots+(n-1)^2]$

$=\dfrac{2n(2n-1)(4n-1)}{6}-\dfrac{4(n-1)[(n-1)+1][2(n-1)+1]}{6}$

$=\dfrac{n(2n-1)(4n-1)-2n(2n-1)(n-1)}{3}$

$$=\frac{1}{3}n\left(4n^2-1\right),$$

当 $n=19$ 时，$S_n=9139<10000$；

当 $n=20$ 时，$S_n=10660>10000$。

答：不可能。

奥数习题与解析

1. 基础训练题

一个三阶等差数列 $\{a_n\}$ 的前 n 项为 1，2，8，22，47，86，$\cdots$，求它的通项。

分析：由已知，得数列 $\{b_n\}$ 为 1，6，14，25，39，$\cdots$；数列 $\{c_n\}$ 为 5，8，11，14，$\cdots$。

解：设 $b_n=a_{n+1}-a_n$，$c_n=b_{n+1}-b_n$。

数列 $\{c_n\}$ 是以 5 为首项，3 为公差的等差数列，则其通项公式为 $c_n=5+3\left(n-1\right)=3n+2$。

所以 $b_{n+1}-b_n=3n+2$。从而有

$b_n-b_{n-1}=3\left(n-1\right)+2$，

$b_{n-1}-b_{n-2}=3\left(n-2\right)+2$，

$\cdots\cdots$

$b_2-b_1=3\times1+2$，

以上各式相加，得

$$b_n-b_1=\frac{(3n+4)(n-1)}{2}。$$

又因为 $b_1=1$，

所以 $b_n = \dfrac{3n^2 + n - 2}{2}$。

同理可得

$$a_n - a_{n-1} = \frac{3(n-1)^2 + (n-1) - 2}{2},$$

$$a_{n-1} - a_{n-2} = \frac{3(n-2)^2 + (n-2) - 2}{2},$$

……

$$a_2 - a_1 = \frac{3 \times 1^2 + 1 - 2}{2}。$$

以上各式相加，得

$$a_n - a_1 = 3\left[\frac{(n-1)^2}{2} + \frac{(n-2)^2}{2} + \cdots + \frac{1^2}{2}\right] + \frac{1}{2}[(n-1) + (n-2) + \cdots + 1] - (n-1)$$

$$= \frac{(n-1)n(2n-1)}{4} + \frac{n(n-1)}{4} - (n-1)$$

$$= \frac{1}{2}(n^3 - n^2 - 2n) + 1。$$

又因为 $a_1 = 1$，

所以 $a_n = \dfrac{1}{2}(n^3 - n^2 - 2n) + 2$。

2. 拓展训练题

计算 $\left(\dfrac{1}{2} + \dfrac{1}{3} + \dfrac{1}{4} + \cdots + \dfrac{1}{20}\right) + \left(\dfrac{2}{3} + \dfrac{2}{4} + \dfrac{2}{5} + \cdots + \dfrac{2}{20}\right) + \left(\dfrac{3}{4} + \dfrac{3}{5} + \dfrac{3}{6} + \cdots + \dfrac{3}{20}\right) + \cdots + \left(\dfrac{18}{19} + \dfrac{18}{20}\right) + \dfrac{19}{20}$ 的值。

分析：关键是找出这些数的规律，同分母的分数相加在一起，结果都是分子总数的一半。比如分母是 7，分子个数是 6 个，它们相加结果就是 $\frac{6}{2}=3$ $\left(\frac{1}{7}+\frac{2}{7}+\frac{3}{7}+\frac{4}{7}+\frac{5}{7}+\frac{6}{7}=\frac{21}{7}=3\right)$，以此类推。每项的结果是：$\frac{1}{2}+1+\left(1+\frac{1}{2}\right)+2+\cdots\cdots+9+\left(9+\frac{1}{2}\right)$，就是公差为 $\frac{1}{2}$ 的等差数列。

解：原式去括号后，同分母相加，得

$$\frac{1}{2},$$

$$\frac{1}{3}+\frac{2}{3}=1,$$

$$\frac{1}{4}+\frac{2}{4}+\frac{3}{4}=1+\frac{1}{2},$$

$$\frac{1}{5}+\frac{2}{5}+\frac{3}{5}+\frac{4}{5}=2,$$

……

$$\frac{1}{20}+\frac{2}{20}+\frac{3}{20}+\cdots+\frac{18}{20}+\frac{19}{20}=9+\frac{1}{2}。$$

以上等式右边的结果可看成以 $\frac{1}{2}$ 为首项，以 $d=2-\left(1+\frac{1}{2}\right)=1-\frac{1}{2}=\frac{1}{2}$ 为公差的等差数列。

再由 $S_n=na_1+\dfrac{n(n-1)}{2}d$，得

$$S_{19}=19\times\frac{1}{2}+19（19-1）\div 2\times\frac{1}{2}$$

$$=95。$$

课外练习与答案

1. 基础练习题

（1）把一些乒乓球堆成一个正四角锥，一共有8层，这些乒乓球有多少个？

（2）把一些乒乓球堆成一个正三角锥，一共有15层，这些乒乓球有多少个？

（3）把一些汤圆堆成一个矩形锥台，一共有6层，第一层有10个，共有多少个？

（4）把一些汤圆堆成一个矩形截锥台，一共有3层，第一层长边有8个，宽边有5个，共有多少个？

（5）图3.4-1所示的三角形图案中，第89行从左数第3个数是多少？

1

2　3　4

5　6　7　8　9

10　11　12　13　14　15　16

......

图 3.4-1

2. 提高练习题

（1）糖果店新到10箱糖果球，每箱100个。为了促销，店长用正三角锥形的包装盒进行包装，且每盒装4层。需要多少个包装盒才能够把这些糖果球装完？

（2）副食店每天都蒸一些馒头，摆放成4个相同的矩形锥台形状，顶层15个，一共6层。副食店每天需要蒸多少个馒头？

3. 经典练习题

（1）如图3.4-2所示，将自然数顺次填入方格表中，那么标有粗线框的对角线上最小的20个数的总和是多少？

···		···		···		···
···	21	22	23	24	25	26
	20	7	8	9	10	27	···
···	19	6	1	2	11	28
	18	5	4	3	12	29	···
···	17	16	15	14	13	30
37	36	35	34	33	32	31	···
···		···		···		···

图 3.4-2

（2）观察图3.4-3中每个大正方形内数的生成规律：图3.4-3①中的所有数的和为1，图3.4-3②中的所有数的和为17，图3.4-3③中的所有数的和为65，···，设图3.4-3中第n个正方形内的所有数的和比第m个正方形内所有数的和大400，m、n均为大于1的整数。第m个正方形内所有数的和是多少？

3	3	3	3	3
3	2	2	2	3
3	2	1	2	3
3	2	2	2	3
3	3	3	3	3

2	2	2
2	1	2
2	2	2

1

①   ②   ③   ···

图 3.4-3

1. 基础练习题

（1）有204个。

（2）有680个。

（3）共有280个。

（4）共有164个。

（5）第89行从左数第3个数是7747。

2. 提高练习题

（1）需要50个包装盒才能够把这些糖果球装完。

（2）副食店每天需要蒸1540个馒头。

3. 经典练习题

（1）对角线上最小的20个数的总和是2680。

（2）第 m 个正方形内所有数的和是161。